KB270496

이누카이 쓰나 · 김보화 옮김

# 변아웃 레시피

먼저 이 책에 관심을 가져주셔서 감사합니다!

제목만 보고 책을 집어 든 당신은 분명 지쳐있겠죠.

요리 할 힘은 없어, 하지만 외식은 비싸고 편의점 음식도 질렸지,

슬슬 손으로 만든 따뜻한 밥이 먹고 싶다. 혹은 누군가에게 해주고

싶다. 아아, 간단한 레시피 어디 없을까… 그런 기분으로 이 책을

보고 계시지 않을까요.


매일매일 제대로 하려면 상당한 노력이 필요한 것이 바로 '요리'.

그런 요리를 조금이라도 간단하고 편하게, 그런데 맛도 있었으면

좋겠다는 생각으로 만든 것이 바로 이 책입니다. 그러다 체력이

꽤 남는 날에는 조금 더 고난도 요리(라고 해도 프라이팬을 사용하는

정도)를 하고 싶어질지도 모르죠.

그래서 이런저런 간단한 레시피를 잔여 체력 별로 분류했습니다.

오늘 당신의 체력에 맞춰 먹고 싶은 음식을 만들 수 있답니다.


안심하세요. 이 책은 감자 껍질 벗기기조차 귀찮은 사람을 위한 요리책입니다.

어려운 요리는 하나도 나오지 않아요. '아! 이 정도는 나도

만들 수 있겠는데'라고 생각하신다면 저로서도

무척 기쁠 거예요.


―이누카이 쓰나

## 당신의 현재 체력(HP)은?

# 5%

### 될까 말까…

- 허기로 쓰러질 지경
- 뭐가 됐든 배를 채우고 싶어
- 빨리 집에 가서 자고 싶다
- 심야에 야근!!

간단 레시피로 만든 밥을
먹고 얼른 잡시다

# 20%

### 정도밖엔 없어…

- 복잡한 요리는 무리야
- 지친 하루의 마무리로 '집밥'이 먹고 싶다
- 슬슬 배꼽시계가 울린다
- 맥주나 마시면서 치유받고 싶다

간단하게 만든 밥을
먹으며 넷플릭스라도 보자

# 활용법

## 정도 남아있어!

- 일도 다 끝났으니까 실컷 먹고 싶어
- 모처럼의 칼퇴니까 집에서 여유롭게 보내고 싶어
- 요리다운 요리를 만들고 싶다
- 가족에게 요리를 해줘야만 하는 상황

간단 요리를 만들기 위해
마트에서 장보기

## 아직 오늘은 쌩쌩

- 오늘은 조기 퇴근 ♪
- 오늘은 휴가다!
- 즐기면서 식사하고 싶은 날
- 영양 보충을 하고 싶어

식단을 짜서 호화롭게
먹어보자

# 간단 요리비법 12가지

 **1  전자레인지는 만능 조리 기구**

뭐니 뭐니 해도 역시 전자레인지.
불을 쓰지 않아도 되고, 뒤처리도
간편해 요리 시간이 짧아져요.
스트레스가 없습니다. 내열 식기에
조리해서 먹으면 설거지도 생략 가능.

 **2  가능하면 그릇째로 조리하자**

식재료를 섞거나 전자레인지에
넣을 때 처음부터 내열 식기를 쓰면
설거짓거리가 줄어들고, 따로 담을
필요 없이 조리하자마자 바로 먹을 수
있으니 일석이조!

 **3  전기밥솥은
윈터치 조리 기구**

전기밥솥은 밥만 하는 도구라고
생각하시나요? 전기밥솥은
만능 조리 기구입니다. 재료와
조미료를 한 번에 전부 넣고
스위치만 눌러주면 요리 완성.

**4  손질된 채소는 든든한 아군**

마트나 가게에서 파는 손질된 커팅 채소를
최대한 활용합시다. 손질하고 자를
일도 남은 채소를 처리할 일도
없어집니다. 커팅 채소를 한 번도
안 쓴 사람은 있어도 한 번만 써 본
사람은 없을 정도.

 **5  튜브형 소스가 최고**

마늘이나 생강, 고추냉이, 매실 엑기스,
고추장, 겨자소스 등은 초간단 요리의
필수품! 최근에는 저렴한 제품들도
다양하게 있습니다.

 **6  냉동 채소를 상비하자**

브로콜리와 시금치 등 냉동 채소는
요즘 마트나 인터넷에서도 쉽게 구할
수 있는 만능 식재료. 한번 사면
좀처럼 다 쓰지 못하고 버리기 일쑤인
채소를 매번 살 필요가 없습니다.

## 7 통조림은 그때그때 사두자

통조림은 장을 볼 때마다 사두고
비축합시다. 유통기한이 길기 때문에
많이 사둬도 문제없습니다.
여기저기 활용할 수 있어요.

## 8 밥은 즉석밥이나 냉동밥도 OK

밥은 매번 새로 짓지 않고 즉석밥이나
냉동해둔 밥을 전자레인지에 돌려
사용해도 좋습니다. 언제라도
전자레인지에 해동시켜 먹을 수
있게 준비해둡시다.

## 9 우동, 소면, 파스타를 활용합시다

냉동 우동이나 건조 우동, 소면,
파스타 등의 면류는 가능한
여러 가지로 구비해두면 좋은 것들.
간편하고 맛있는 메뉴를 만들 수
있습니다.

## 10 주방 가위를 사용하자!!

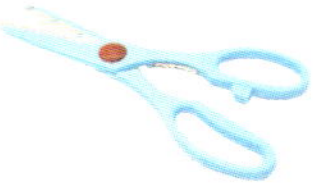

주방 가위는 칼과 도마 없이도
채소와 고기를 편하게 자를 수
있습니다. 설거지가 귀찮은 사람,
칼질이 서툰 사람에게도 추천.

## 11 모양보다는 맛!

혼자 먹는 밥이라면 모양은
신경 쓰지 맙시다! 그것보다는
최소한의 노동으로 편하고 맛있는
요리를 하는 것이 중요하다는 말씀.

## 12 재료가 완벽하지 않아도 너무 신경 쓰지 말자

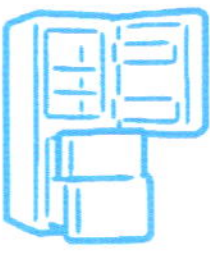

재료가 조금 부족해도 OK.
거기서 그만두지 말고, 임기응변으로
맛을 보면서 자유롭게 요리해봅시다.
취향에 맞게 이것저것 변형해가면서요.

**뭐랄까, 사소한 건 신경 쓰지 말고 일단 한번 해봅시다!!!**

10

## '이제 난 끝났다' 싶을 때 힘을 주는 밥

44

## '주방에 설 기운이 아슬아슬 남은 순간' 하는 요리

92   남은 HP

60% → PART 3

## '좋아, 뭐라도 만들어보자' 결심할 때 추천하는 레시피





114   남은 HP

80% 이상! → 번외 편

## '조리 도구를 활용해' 후다닥 한상차림 만들기



124   **INDEX**

- 전자레인지의 출력은 500W입니다. 700W의 경우 조리 시간을 0.7배로 설정해주세요.
- 전자레인지나 오븐, 오븐토스터 등의 조리 기구를 사용할 때는 가지고 계신 기종의 취급 설명서를 따라주세요.
- 모든 요리에서 채소를 씻고 껍질을 벗기는 과정은 미리 준비된 상황입니다. 육류의 지방을 제거하고 다듬는 것도 마찬가지입니다.
- 1큰술=15ml, 1작은술=5ml, 1컵=200ml입니다. 1ml는 1cc입니다. 밥의 양, 밥 1공기는 약 150g입니다.
- 배합초(단촛물)는 미스칸사의 [간탄스]를 사용했습니다.

# '이제 난 끝났다' 싶을 때 힘을 주는 밥

이제 정말 한계야. 요리 따위 무리!
배가 꼬르륵거릴 때 어떻게든 만들 수 있는
초~간단한 레시피만을 소개합니다.

# 5분 컷 갈릭 토스트

## 🧅 재료(1인분)

식빵 … 2장

올리브오일 … 1큰술

버터 … 1큰술

다진 마늘(튜브) … 약 2cm 정도

## 🌙 만드는 방법

❶ 내열 그릇에 올리브오일과 버터를 넣고, 랩을 씌운 후 전자레인지에 15초 정도 가열한다.

❷ 버터가 녹으면 마늘을 넣고 잘 섞는다.

❸ ❷의 소스 1큰술 정도를 식빵 한 장에 발라 오븐토스터에 구워 먹기 좋게 자른다.

❹ 다른 한 장도 똑같은 방법으로 굽는다. 취향에 따라 건조 파슬리 가루를 뿌려도 좋다.

## POINT

참치마요와 치즈는 대충대충 듬뿍! 2인분을 만들 때도 참치 캔 한 개면 적당합니다. 바게트로 만들어도 맛있어요. 치즈는 슬라이스로 한 장 올려도 OK.

**어릴 때부터 참치 토스트 하면,
케첩이 포인트**

# 참치 치즈 토스트

### 🧅 재료(1인분)

식빵 ·· 1장

참치 캔 ··· 1개

케첩, 마요네즈, 피자용 치즈
··· 각자 취향에 맞게 조절

### 🍳 만드는 방법

1. 기름을 제거한 참치에 마요네즈를 취향대로 넣고 섞는다.
2. 식빵에 케첩을 뿌리고, 위에 ❶을 듬뿍 올린다.
3. 마지막으로 치즈를 듬뿍 올리고, 오븐토스터에 2~3분간 굽는다.

 마지막에 파슬리 가루를 뿌려주는 것만으로 요리가 업그레이드.

쌀, 조미료, 물을
전~부 한 번에 넣고
스위치만 눌러주면 완성!

참치 캔과 잎새버섯은 감칠맛이 풍부한
질 좋은 식재료!

## 참치 잎새버섯 영양밥

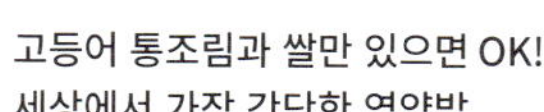

고등어 통조림과 쌀만 있으면 OK!
세상에서 가장 간단한 영양밥

## 통조림으로 완성!
## 고등어 미소된장 영양밥

## POINT

영양밥은 미리 서척해서 파는
쌀을 사용하면 더욱 편하다.
밥이 남으면 랩에 1인분씩
포장해 냉동 보관해도 OK.

전기밥솥으로 편하게 만들 수 있는
필래프 레시피입니다

## 버터 영양밥
## 필래프

맑은장국이야 말로
간편하고 훌륭한 식문화입니다

## 다시 국물 베이스의
## 일본식 참치 영양밥

# 참치 잎새버섯 영양밥

### 🧅 재료(2인분)

쌀 … 2인분(360ml)

참치 캔 … 1개

잎새버섯 … 1팩

멘쯔유(2배 농축) … 4큰술

간장 … 1큰술

### 🌙 만드는 방법

① 밥솥 안에 쌀을 넣고 씻어준 후, 멘쯔유, 간장을 넣고 2인 기준으로 물을 넣는다.

② 버섯을 손으로 찢어 넣고, 기름을 제거한 참치를 버섯 위에 올린다.

③ 일반 취사 모드나 영양밥 모드로 조리한다. 밥이 다 되면 전체적으로 잘 섞는다.

### POINT

참치 기름은 완전히 제거하지 말고, 약간 남기면 감칠맛이 올라가요.

---

# 고등어 미소된장 영양밥

### 🧅 재료(1인분)

쌀 … 1인분(180ml)

고등어 미소된장 통조림 … 1캔

### 🌙 만드는 방법

① 밥솥 안에 씻은 쌀을 넣고, 통조림의 국물만 첨가한다.

② 쌀 분량에 맞는 물을 넣어준 후, 고등어 살을 숟가락으로 대충 펼친다.

③ 일반 취사 모드나 영양밥 모드로 조리한다. 완성되면 바닥에서부터 밥을 뒤집어 잘 섞고, 그릇에 담는다. 채 썬 파가 있다면 얹는다.

### POINT

통조림 1캔 (약 90g)이 1인분에 딱 맞습니다. 2인분을 하신다면 2캔을 사용하세요.

# 다시 국물 베이스의 일본식 참치 영양밥

### 재료(1인분)

쌀 … 1인분(180ml)

다시 국물(가루형) … 1봉

참치 캔 … 1개

다진 파 … 각자 취향에

맞게 조절



### 만드는 방법

❶ 밥솥 안에 씻은 쌀을 넣고, 다시 국물 가루와
멘쯔유를 넣는다.

❷ 물은 평소 1인분 분량보다 조금 낮게 잡은 후,
캔에 들어있는 참치와 기름을 모두 넣는다.

❸ 일반 취사 모드나 영양밥 모드로 조리한다.
완성되면 잘 섞어준 뒤 그릇에 담고 파를 얹는다.



---

# 버터 영양밥 필래프

### 재료(2인분)

쌀 … 2인분(360ml)

송이버섯 … 1팩

얇게 선 베이컨 … 2장

콩소메 가루, 청주

… 각 1큰술

버터 ·· 10~20g

흑후추(없으면 생략 가능)

… 각자 취향에 맞게 조절

☞ 콩소데 가루는 다시다 같은 고기/채소
국물용 베이스 가루로 대체 가능합니다.



### 만드는 방법

❶ 밥솥 안에 씻은 쌀을 넣고, 콩소메 가루와
청주를 넣는다.

❷ 쌀 분량에 맞게 물을 넣어준 후, 다듬은 송이버섯을
손으로 찢어 넣고, 적당한 크기로 찢은 베이컨도 올린다.

❸ 일반 취사 모드나 영양밥 모드로 조리한다.
완성되면 버터를 넣고 잘 섞어준 후, 후추를 뿌린다.

설거짓거리는 그릇과 스푼이 전부!

# 치즈 리소토

POINT

밥은 즉석식품도 OK.
비엔나소시지가 없으면
베이컨도 좋다. 한 번에
2인분을 만드는 경우라면
넉넉한 내열 용기
하나로 완성!

### 🧅 재료(1인분)

따뜻한 밥 … 1공기

슬라이스 치즈 … 1장

우유 … 4큰술

냉동 시금치 … 약 20g

비엔나소시지 … 3~4개

치즈 가루 … 1큰술

콩소메 가루 … 1작은술

흑후추 … 각자 취향에 맞게 조절

### 🍳 만드는 방법

① 내열 용기에 밥을 넣고, 치즈 가루와 콩소메 가루를 섞어
뿌린 후 그 위에 우유를 골고루 끼얹는다.

② 비엔나소시지를 주방 가위로 5mm~1cm 크기로 잘라주고,
시금치, 슬라이스 치즈 순으로 얹는다.

③ 치즈에 달라붙지 않게 그릇 윗부분을 랩으로 싸서,
전자레인지에 2분 가열해준 후 후추를 뿌려 잘 섞는다.

배가 많이 고플 땐, 슬라이스 치즈를
한 장 더 넣는 팁도 있습니다.

# 치킨라이스 느낌이 나는
# 케첩라이스

## 🧅 재료(1인분)

따뜻한 밥

비엔나소시지 … 3~4개

냉동 시금치, 냉동 옥수수 … 각자 취향에 맞게 조절

케첩 … 1~2큰술

소금 … 2꼬집

흑후추 … 2회 뿌리기

## 🍳 <u>만드는 방법</u>

**❶** 밥에 케첩을 섞는다. 닷을 봐서 적당하면 OK.

**❷** 비엔나소시지는 주방용 가위로 5mm~1cm 정도로 자르고 밥에 올린다. 이어서 시금치, 옥수수도 올린다.

**❸** 랩은 씌운 후, 전자레인지에 1분 30초간 가열하고(옥수수와 시금치가 차갑다면 상태를 봐가면서 따뜻해질 때까지 조금 더 가열한다), 소금, 후추를 뿌려 잘 섞는다. 맛을 보고 싱겁다면 케첩을 넣어 간을 맞춘다.

**🍴 식사할 때의 팁**

전자레인지에 가열하기 전에 슬라이스 치즈를 올리거나, 치즈 가루를 뿌려 섞어줘도 좋다. 오믈렛이나 스크램블드에그를 올려서 먹으면 오므라이스로 변신.

밥은 냉동실에 보관해둔 것이나, 즉석밥도 괜찮다.

채소는 냉동 야채믹스를 넣어도 좋다.

# 볶지 않는 볶음면

**POINT**

채소를 많이 먹고 싶을 땐
양배추를 듬뿍 넣고 물을 넣지
않는다. 적당히 찢은
양배추도 OK.

### 🧅 재료(1인분)

볶음국수용 면 … 1봉
자른 양배추 … 각자 취향에 맞게 조절
비엔나소시지 … 4~5개
볶음국수용 소스(오코노미야키소스),
우스터소스 … 각 1큰술 정도(볶음면을
샀을 때 들어있는 소스가 있다면 따로
준비하지 않는다)

### 🌙 만드는 방법

❶ 내열 그릇을 준비하고 면을 펼친다(면을 샀을 때
들어있는 분말 소스가 있다면 이 과정에서 뿌린다).
주방 가위로 비엔나소시지를 적당한 크기로 대충 자르고
양배추를 위에 깔아준 후, 물을 1큰술 정도 뿌린다.

❷ 랩을 씌우고 전자레인지에 3분간 가열한다.

❸ 두 종류의 소스를 뿌려준 후 잘 섞어서 맛을 본다
(소스는 취향대로 조절해도 OK).

# 통조림과 달걀만 있다면!
# 통조림으로 만드는 간단 오야코동

## 🧅 재료(1인분)

닭고기 통조림 … 1캔

달걀 … 2개

멘쯔유(2배 농축) … 1큰술

마요네즈 … 1작은술

따뜻한 밥 … 1공기

## 🍳 만드는 방법

1. 내열 그릇에 달걀을 깨서 넣고, 닭고기 통조림을 통째로 넣는다. 멘쯔유와 마요네즈도 넣어 잘 섞는다.
2. 랩을 씌워 전자레인지에 2분 30초 가열한다.
3. 젓가락으로 크게 잘 섞어준 후, 굳은 달걀을 풀어주고 그릇에 담아둔 밥 위에 올려 조금씩 섞어가며 먹는다.

## 재료(1인분)

냉동 시금치 … 50g

참깨 … 각자 취향에 맞게 조절(정량은 1큰술)

폰즈소스 … 각자 취향에 맞게 조절(정량은 2작은술)

## 만드는 방법

1. 시금치를 내열 그릇에 넣고, 랩을 씌운 후
   전자레인지에 2분간 가열한다.
2. 폰즈소스와 참깨를 뿌려 잘 섞는다.

**POINT**

으깬 참깨를
뿌리면 조금 더
진한 향을
느낄 수
있습니다.

채소를 섭취해야 한다는 의무감에
사로잡혔을 때 추천

# 참깨 폰즈 시금치무침

재료를 전부 섞어
전자레인지에 돌리면 끝

# 돼지고기 생강구이

**POINT**

내열 접시는
깊은 것보다
얕은 것이 빠르고
균일하게 익습니다.
마지막에 맛을 보고
불고기소스를
추가합니다.

## 재료(1~2인분)

돼지고기(자른 고기, 저민 고기 등) … 약 250g

불고기소스 … 4큰술

다진 생강(튜브형) … 2작은술

## 만드는 방법

1. 넓은 내열 접시에 돼지고기를 올리고
   불고기소스와 생강을 뿌려준 후 잘 섞는다.
2. 5~10분 정도 숙성시킨 후, 랩을 씌워 전자레인지에
   3분간 가열한다. 꺼내서 젓가락으로 잘 뒤집은 후
   다시 가열한다. 3분 후, 고기의 붉은 부분이
   남아있다면 다시 가열한다.

☞ 마트에 야키니쿠소스가 있다면 불고기소스 대신 활용해봅시다.

# 만능 고기소보로

### 재료(만들기 쉬운 분량)

다진 고기(섞은 돼지고기와 소고기) ··· 250g

불고기 소스 ··· 3~4큰술

참기름 ··· 1/2큰술

### 만드는 방법

❶ 넓은 내열 접시에 다진 고기를 올리고 소스를
뿌린 후 잘 섞는다.

❷ 랩을 씌우지 않고 전자레인지에 3분간 가열한다.
일단 전자레인지에서 꺼낸 후 뭉친 고기들을
잘 풀어주고 안 익은 부분도 밖으로 잘 꺼낸다.
참기름을 뿌려 가볍게 섞어준 후, 다시 4분간
가열한다.

고기에 소스를 섞을 때는
계량스푼을 그대로 사용하면
편리하다!

전자레인지로 한 번에! 밥이 술술 넘어가는 반찬

남은 HP 5%

### 식사할 때의 팁

이대로 밥에 올려 먹어도 맛있지만,
비빔밥이나 두 가지 석 덮밥, 우동에 고명으로
올려 먹는 등 활용법이 무궁무진! 냉장고에
보관해도 되지만, 지방이 굳기 때문에
다시 먹을 땐 전자레인지에 데워 먹자.

치즈도 달걀도 쫀득하게 녹아서
완전 맛있다♡

## 구운 치즈카레



미트소스 × 치즈는 정답!

## 미트도리아

파스타소스를 사용한
농후하고 크리미한 도리아

## 크림 카르보나라 도리아

##  미트도리아

### 🧅 재료(1인분)

미트소스 … 1인분

따뜻한 밥 … 소복하게 1공기

슬라이스 치즈 … 1장

(피자용 치즈도 사용 가능)

### 🍳 만드는 방법

❶ 내열 접시에 밥을 담고, 상온의 미트소스를 뿌린다. 미트소스와 밥을 잘 섞고, 치즈를 올린다.

❷ 오븐토스터에 넣고 치즈에서 노릇한 색이 보일 때까지 5분 정도 굽는다. 취향에 따라 파슬리 가루를 뿌린다.

---

##  구운 치즈카레

### 🧅 재료(1인분)

레토르트 카레 … 1인분

따뜻한 밥 … 소복하게 1공기

슬라이스 치즈 … 1장

(피자용 치즈도 사용 가능)

달걀 … 1개

### 🍳 만드는 방법

❶ 내열 접시에 밥을 담고, 상온의 레토르트 카레를 뿌려 잘 섞는다. 치즈를 올리고 스푼으로 밥 한가운데를 오목하게 만들어 달걀을 깨서 넣는다.

❷ 오븐토스터에 5분 정도 굽는다. 달걀을 완전히 익히고 싶은 경우는 타는 것을 방지하기 위해 알루미늄포일을 씌워 조금 더 오래 굽는다.

---

## 크림 카르보나라 도리아

### 🧅 재료(1인분)

카르보나라소스 … 1인분

따뜻한 밥 … 소복하게 1공기

슬라이스 치즈 … 1장

(피자용 치즈도 사용 가능)

달걀 … 1개

흑후추 … 각자 취향에 맞게 조절

### 🍳 만드는 방법

❶ 내열 접시에 밥을 담고, 상온의 카르보나라소스를 뿌려 잘 섞는다. 치즈를 올리고 스푼으로 밥 한가운데를 오목하게 만들어 달걀을 깨서 넣는다.

❷ 오븐토스터에 5분 정도 굽는다. 취향에 따라 후추를 뿌린다.

냉동 물만두와 직접 만든 소스로 일품요리!

# 말랑말랑
# 파간장 물만두

POINT

냉동 군만두도 편리하지만
물만두 퀄리티는 감동 그 이상.
채 썬 파도 냉동할 수 있으니
미리미리 잘 준비해두자.

🧅 **재료(물만두 8개분)**

냉동 물만두 … 8개

채 썬 파 … 각자 취향에 닿게 조절

Ⓐ
- 폰즈간장 … 2큰술
- 설탕 … 1/2작은술
- 다진 마늘(튜브형) … 5mm
- 참기름 … 1작은술

🍳 **만드는 방법**

① 물을 끓여 냉동 물만두를 포장 용기에 적힌 조리법에 따라 삶는다.

② Ⓐ를 잘 섞어 소스를 만든다.

③ 다 삶아진 물만두를 드면만 살짝 물에 담가 그릇에 담고, 채 썬 파를 얹은 후 소스를 끼얹는다.

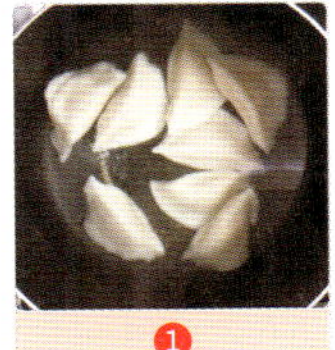

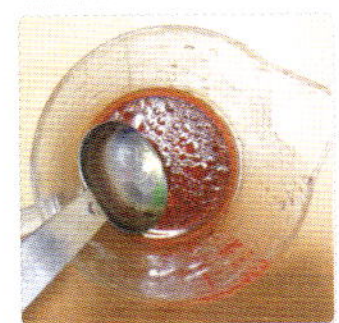

남은 HP 5%

# 연어 버터 간장우동

🧅 **재료(1인분)**

냉동 우동 … 1팩

연어 플레이크 … 1.5큰술

조미김(자른 김, 구운 김을 뜯어도 OK) … 각자 취향에 맞기 조절

버터, 간장 … 각 1작은술

🍳 **만드는 방법**

❶ 냉등 우동을 포장 용기 에 적힌 조리법대로 전자레인지에 가열하거나
삶아서 그릇에 담는다.

❷ 뜨거운 우동에 버터를 넣고 녹을 때까지 잘 섞는다. 연어 플레이크를
얹그, 간장과 김을 뿌리고 잘 섞는다. 간을 보고 싱거우견 간장을 더
첨가한다.

**POINT**

냉장 우동을 써도 좋습니다. 냉장용을 사용할 경우
그릇에 뜨거운 물을 부어 우동을 넣은 후 전자레인지에
1분간 가열하고, 잘 섞은 다음 다시 1분 가열 후 물을 버립니다.
그 그릇에 그대로 조리하면 설거짓거리도 줄어듭니다.

버터가 굳기 전에
서둘러 만들어 호로록 먹습니다!

# 멘쯔유 버터우동

🧅 **재료(1인분)**

냉동 우동 … 1팩

가다랑어포 … 1봉지(2g)

달걀 … 1개

멘쯔유(2배 농축) … 2큰술

버터 … 약 10g

🍳 **만드는 방법**

❶ 냉동 우동을 포장용기에 적힌 조리법대로 전자레인지에
가열하거나 삶아서 그릇에 담는다.

❷ 뜨거운 우동에 버터를 넣고 녹을 때까지 잘 섞는다.
가다랑어포를 얹고, 멘쯔유를 뿌리고 달걀을 얹는다.

❶

❷

**POINT**
................

냉장 우동을 써도 좋습니다. 냉장용을 사용할 경우
그릇에 뜨거운 물을 부어 우동을 넣은 후 전자레인지에
1분간 가열하고, 잘 섞은 다음 다시 1분 가열 후 물을 버립니다.
그 그릇에 그대로 조리하면 설거짓거리도 줄어듭니다.

달걀이 없어도 문제 없습니다.
없으면 없는 대로 맛있는
멘쯔유 버터우동이랍니다.

오차즈케 재료를 활용한 한 끼.
간단하고 가볍게 먹고 싶을 때
일본식 비빔우동

### 🧅 재료(1인분)

냉동 우동 … 1팩

오차즈케 가루 … 1봉

참기름 … 1/2작은술

### 🍳 만드는 방법

❶ 냉동 우동을 포장 용기에 적힌 조리법대로 전자레인지에
가열하거나 삶아서 그릇에 담는다.

❷ 오차즈케 가루 반과 참기름을 잘 섞어 맛을 본 다음,
남은 가루를 뿌리면서 간을 맞춘다. 간이 맞지 않으면 조절한다.

①

②

**POINT**
................

냉장용 삶은 우동을 사용할 경우 그릇에 뜨거운 물을 부어
전자레인지에 1분 가열하고, 면을 다시 잘 섞어 1분 더
가열해줍니다. 그래도 차갑다면 한번 더 가열해줍니다.

냉동 우동과 오차즈케 가루는 무척
편리하고 맛있는 훌륭한 식재료입니다.
반드시 구비해둡시다!

### 다시 국물로 만드는
### 잔멸치 매실우동





### 다시 국물로 만드는
### 대파 비빔우동

# 다시 국물로 만드는 잔멸치 매실우동

### 재료(1인분)

냉동 으동 … 1팩

잔멸치(치어) … 약 3큰술

다시 극물(가루형) … 1봉

매실장아찌 페이스트(튜브형)

… 각자 취향에 맞게 조절

### 만드는 방법

❶ 냉동 우동을 포장 용기에 적힌 조리법대로
전자레인지에 가열하거나 삶아서 그릇에 담는다.

❷ 다시 국물 가루를 뿌리고 잘 섞어준 후 매실장아찌
페이스트를 얹는다. 섞어서 맛을 보고 싱겁다 싶으면
매실 페이스트를 더 넣는다.

매실장아찌도 튜브의 시대!

사용법이 편리하고 쉬운, 1인 가구 최적의 식재료.



---

# 다시 국물로 만드는 대파 비빔우동

### 재로(1인분)

냉동 우동 … 1팩

채 썬 파 … 각자 취향에 맞게 조절

다시 국물(가루형) … 1봉

참기름 … 1/2 작은술

### 만드는 방법

❶ 냉동 우동을 포장 용기에 적힌 조리법대로
전자레인지에 가열하거나 삶아서 그릇에 담는다.

❷ 다시 국물 가루와 참기름을 뿌리고 파를 올려 잘 섞는다.

**식사할 때의 팁**　파 이외에 잘게 썬 김 가루를 뿌려도 맛있다.

# 올리면 끝 연어 마요덮밥

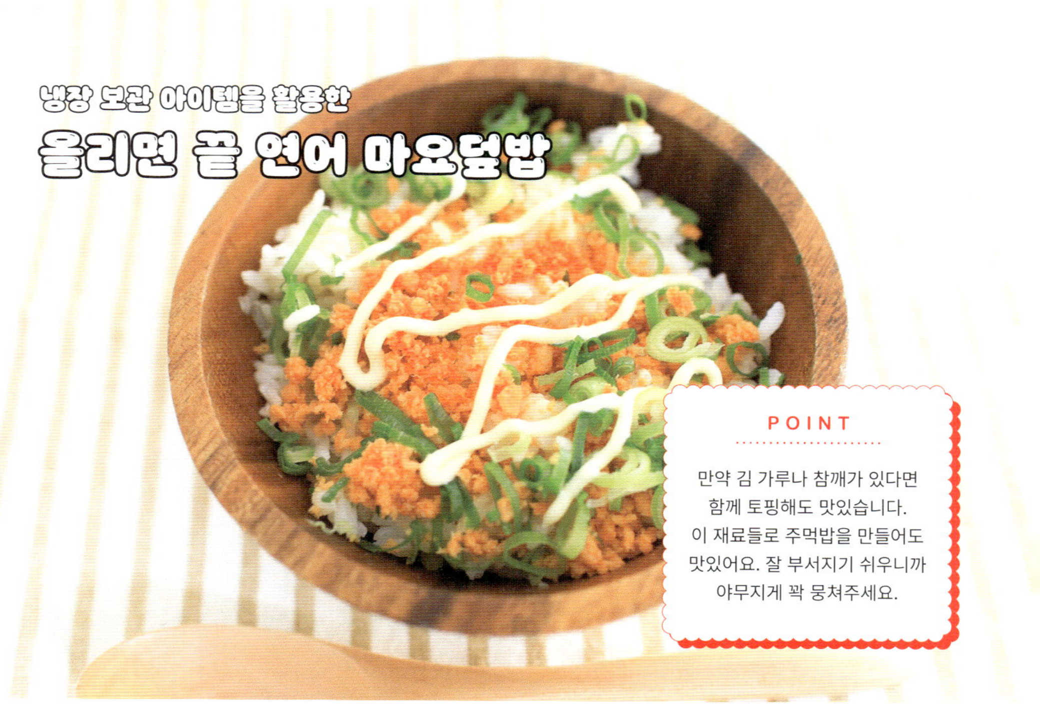

**POINT**

만약 김 가루나 참깨가 있다면
함께 토핑해도 맛있습니다.
이 재료들로 주먹밥을 만들어도
맛있어요. 잘 부서지기 쉬우니까
야무지게 꽉 뭉쳐주세요.

## 🧅 재료(1인분)

따뜻한 밥 … 1공기

연어 플레이크 … 2큰술

채 썬 파 … 각자 취향에 맞게 조절

마요네즈 … 각자 취향에 맞게 조절

(정량은 1작은술)

멘쯔유(2배 농축) … 1큰술

## 🍳 만드는 방법

밥에 멘쯔유를 뿌리고, 잘 섞는다.

연어 플레이크와 파를 올리고 마요네즈를 뿌린다.

이렇게 간단할 수가!? 조리 도구는 그릇과 스푼이면 끝!

만들기도 치우기도 간편한 통조림 레시피

# 고등어 미소된장 대파덮밥

## 🧅 재료(1인분)

따뜻한 밥 … 1공기

고등어 미소 된장 통조림 … 1캔

채 썬 파 … 약 20g

김 가루, 마요네즈 … 각자 취향에
맞게 조절

## 🥄 만드는 방법

① 고등어는 국물을 따라내고 그릇에 담아 파와 마요네즈를
넣어 잘 섞는다.

② 다른 그릇에 밥을 담고 그 위에 김 가루를 뿌린 후 ① 을
얹는다. 맛을 보고 마요네즈를 취향대로 섞어 먹는다.

 **미소된장과 대파마요는 완전 밥도둑!**

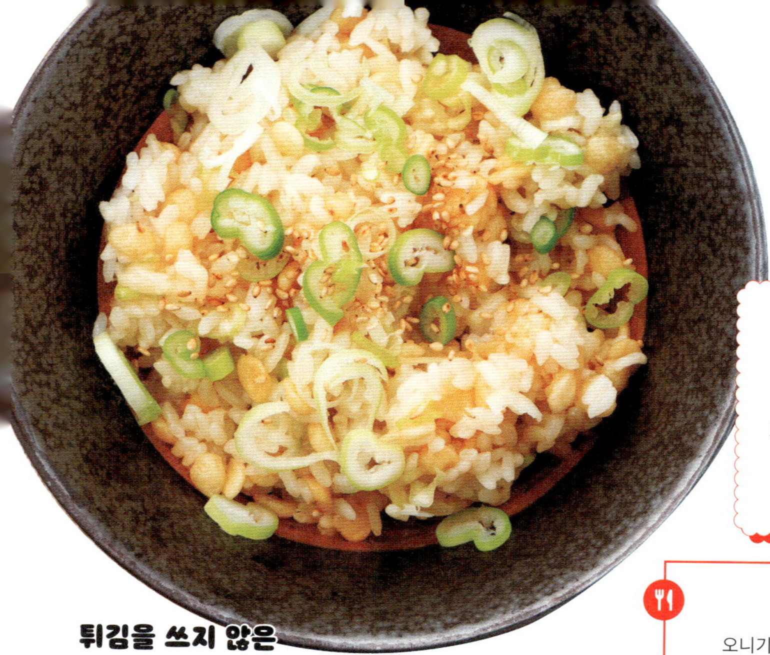

섞는 순서가
맛의 비밀!

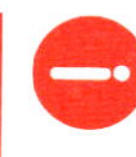

**POINT**

멘쯔유의 양은 고명용 튀김 알갱이가 흡수하고 남아서 그릇 바닥에 약간 남을 정도가 베스트. 밥의 양에 맞춰 다른 재료의 양도 조절하면 된다.

**식사할 때의 팁**

오니기리로 만들면 나고야의 명물 [덴무스(튀김 주먹밥)] 버전이 되기도.

**튀김을 쓰지 않은 제대로 된 튀김덮밥의 맛!**

# 그냥 해 본 튀김덮밥

### 재료(1인분)

따뜻한 밥 … 1공기
고명용 튀김 알갱이(우동 건더기 수프/고명 식자재) … 크게 2큰술(10g 정도)
채 썬 파 … 크게 2큰술(15g 정도)
멘쯔유(2배 농축) … 2큰술

### 만드는 방법

1. 고명용 튀김 알갱이와 파를 그릇에 담고, 멘쯔유를 넣어 잘 섞는다.
2. 위의 재료에 밥을 넣어 잘 섞는다. 취향에 따라 참깨를 뿌린다.

# 필요한 것은 오직 캔을 딸 수 있는 체력뿐!

# 통조림 구운 치킨덮밥

### 🧅 재료(1인분)

따뜻한 밥 … 1공기

닭고기 통조림 … 1~2캔

채 썬 파, 마요네즈 … 각자 취향에 맞게 조절

### 🥄 만드는 방법

밥을 그릇에 담고, 닭고기 통조림을
국물까지 함께 올린 다음,
마요네즈와 파를 뿌린다.

### POINT

닭고기 통조림은 데워서 먹으면
더 맛있습니다. 기운이 있다면
그릇에 담아 전자레인지에
데우거나 캔에 든 그대로
오븐토스터에 데워 드세요.

밥에 재료를 올리고
보니 조금 적다는
생각이 들면 과감하게
한 캔 더 땁시다!

# 있으면 도움 된다 추천 레토르트 식품 10종!

### 1. 레토르트 카레

레토르트 카레는 건더기도 들어있어서
추가 식재료가 전혀 필요 없다!
어떤 경우라도 큰 도움이 된다. 단맛,
매운맛 취향대로 고르자.

### 2. 카르보나라소스

편의점에서도 파는 파스타소스는
파스타 이외에도 활용할 곳이 많다.
진하고 깊은 맛이 필요한 요리를 할 때
꼭 사용해보자.

### 3. 미트소스

통조림 타입이나 병 타입이나
파우치 타입이나 모두 쉽게 구할 수 있다.
미트소스를 직접 만들려면 힘들지만,
이것 하나면 만사형통.

### 4. 명태알젓, 대구알젓 파스타소스 (맵게 절인 것/소금에 절인 것)

이쪽도 파스타 이외의 요리에 다양하게 쓰인다.
두 가지는 구분해서 파는데, 명태알젓(다라코)은 맵기 때문에
매운 것을 못 먹는 사람은 대구알젓(멘타이코) 쪽을 추천한다.
단맛, 매운맛 취향대로 고르자.

### 5. 다시 국물 가루

의외로 조미료로 쓰이는 일이 많다.
특히 우동과 소면을 쓰는 레시피에 궁합이 좋다.
해물맛, 소고기맛, 채소맛 등 여러 종류가 있지만
제품에 따라 송이버섯 향이 나는 것도 있다.

레토르트는 만능 식재료! 매뉴얼대로 먹어도 매력 만점이지만, 훌륭한 맛과 양념이 살아있어 여러 가지 메뉴로 쉽게 변신 가능하다. 무엇보다 조리 시간 단축에 최고! 유통기한이 길기 때문에 보관에 용이한 것도 장점이다.

## 6

### 참치 캔

간단 레시피의 단골손님인 우수 식재료. 요즘은 오일프리나 칼로리를 낮춘 라이트 버전 등 여러 가지 종류로 나오고 있으니 취향대로 고르기도 좋다.

## 7

### 고등어 미소된장 통조림

고등어 살도, 맛이 밴 국물도 그대로 요리에 쓰기 좋은 훌륭한 통조림. 이것만으로 이미 요리맛이 보장된 상태라 해도 과언이 아니다.

☞ 아쉽게도 대체할만한 우리나라 제품은 없다. 외국 식자재 판매점에서 온오프라인으로 구할 수 있다.

## 8

### 삶은 고등어 통조림

최근 일본에서 몸에 좋다고 화제가 된 물에 삶은 고등어 통조림. 뼈까지 말랑말랑해서 통째로 먹을 수 있어 요리에 쓰기에도 편하다.

## 9

### 꽁치구이 통조림

일본에서는 편의점에서도 종종 볼 수 있는 제품으로 고등어 미소된장 통조림처럼 양념이 되어있다. 계량스푼으로 조미료를 재는 것조차 귀찮은 사람에게 추천.

☞ 고등어 미소된장 통조림과 마찬가지로 외국 식자재 판매점에서 온오프라인으로 구할 수 있다-.

## 10

### 구운 닭 통조림

밥이 술술 넘어가는 달짝지근한 맛을 담당하고 있는 통조림. 고기나 생선 통조림은 다른 손질 없이 그대로 사용할 수 있다는 점이 편리하다.

☞ 우리나라의 닭 가슴살 통조림과는 다른 제품이다. 야키토리 통조림을 외국 식자재 마트에서 사거나 비교적 흔하게 구할 수 있는 진공포장 된 훈제 닭 가슴살 제품으로 대체 가능하다.

# '주방에 설 기운이 아슬아슬 남은 순간' 하는 요리

지치긴 했지만 직접 만든 요리가 먹고 싶어, 혹은 해주고 싶어……
그런 생각이 드는 당신을 도와드릴게요.

전자레인지에 돌리면 완성!
지렴한 재료로 만드는 든든한 요리
삼겹살 폰즈 숙주찜

### 🥘 재료(1~2인분)

얇게 썬 돼지고기(삼겹살) ··· 100g

숙주 ··· 1봉

채 썬 파 ··· 30g

Ⓐ ┌ 폰즈간장 ··· 4큰술
   └ 참기름, 설탕 ··· 각 1작은술

흑후추 ··· 3회 뿌리기

### 🥄 만드는 방법

❶ 넓은 내열 접시에 숙주를 반 정도 펼치고, 그 위에 돼지고기를
반 정도 올린다. 남은 숙주와 돼지고기도 그 위에 차례로 쌓는다.
잘 섞은 Ⓐ를 뿌린다.

❷ 랩을 씌워 전자레인지에 5분간 가열한다.

❸ 후추를 골고루 뿌리고 따를 얹는다.

**POINT** 송이버섯, 피망, 방울토마토 등을 함께 넣어서 조리하면
더욱 맛있습니다. 아이에게 해줄 경우 후추는 빼도 무방합니다.

조리한 내열 접시 그대로 먹으면
설거짓거리는 스푼과 접시가 전부!

기운 없는 날은 몸에 좋은 생강으로
밥반찬 만들기

돼지고기
버섯 생강찜

POINT

봉지는 지퍼 백이든 비닐봉지든
모두 OK. 전자레인지에 가열하기
전 약간의 참기름을 더해도 맛있다.
버섯은 잎새버섯과 팽이버섯을
사용해도 좋다.

### 재료(2인분)

만가닥버섯, 새송이버섯 … 각 1팩

돼지고기(자른 고기, 저민 고기) … 100g

Ⓐ
- 간장, 미림, 청주 … 각 1큰술
- 설탕 … 1작은술
- 미소된장 … 2작은술
- 다진 생강(튜브) … 3~4cm

### 만드는 방법

❶ 주방 가위로 새송이버섯을 자른다. 밑동 부분에 십자로 칼집을 넣어 네 갈래로 찢은 다음 큼직큼직하게 자른다. 만가닥버섯은 밑동을 자른 후 흙을 털어주고 깨끗하게 정리한다.

❷ ❶과 돼지고기를 비닐봉지에 넣고 Ⓐ를 넣은 후 잘 비벼 섞는다. 봉투의 입구를 밀봉하 냉장고에 10분간 둔다.

❸ 내열 접시에 재료를 펼치고 랩을 씌운 후, 전자레인지에 7분간 가열한다(고기가 완전히 익을 때까지 잘 봐가면서 시간을 추가한다). 뭉친 돼지고기는 잘 떠주고, 취향에 따라 참깨를 뿌려 먹는다.

❶

❷

❸

비닐봉지에 재료를 전부 넣고 조물조물

→ 전자레인지만으로 완성!

# 돼지고기 달걀구이

## POINT

달걀은 흐트러지지 않도록
젓가락과 스푼을 종이포일
사이에 넣어 살포시 뒤집어
올린다.  소스와 마요네즈를
뿌리고 젓가락으로 표면을
그으면 그럴싸한 모양이
완성된다.

### 재료(1인분)

재료(1인분)

달걀 … 1개

얇게 썬 돼지고기(삽겹살) … 100g

숙주 … 1/2봉

청주 … 약 1큰술

소금, 흑후추 … 각 2~3회 뿌리기

오코노미야키소스, 마요네즈 … 각자 취향에 맞게 조절

### 만드는 방법

1. 돼지고기는 적당한 크기로 잘라, 숙주와 함께 내열 접시에 담는다.
2. 청주를 넣고 소금, 후즈를 뿌린 다음, 가볍게 랩을 씌워 전자레인지로 5분간 가열한다(가열하면 식지 않도록 랩을 바로 벗기지 않는다).
3. 큰 접시에 종이포일을 깔고, 그 위에 달걀을 깬다. 물 2큰술을 넣어 잘 섞은 후, 랩을 씌운 채로 전자레인지에 1분 30초 정도 가열한다 (달걀이 굳지 않으면 2분).
4. 종이포일째로 뒤집어 2에 달걀을 올린다. 소스와 마요네즈를 취향대로 뿌린다.

달걀 모양이 망가지더라도
맛은 변함없으니 신경 쓰지 말자~!

두부는 통째로 프라이팬에 넣는다!
불고기소스로 만드는 쉽고 간편한 중화요리

# 내 맘대로 마파두부

POINT

불고기소스의 양은
입맛에 맞게 조절하세요.
조금 싱겁게 만들었더라도
나중에 소스를 추가하면 됩니다.
매운 것을 좋아한다면
두반장을 더해주세요.

### 🧅 재료(2인분)

다진 돼지고기 … 200~250g(고기 마니아는 250g)

채 썬 파 … 약 30g

두부 … 1모    참기름 … 1큰술

불고기스스 … 5~6큰술

치킨스톡(가루형) … 1작은술

Ⓐ ┌ 녹말가루 … 1큰술
  └ 물 … 2큰술

### 🍳 만드는 방법

① 두부는 물기를 제거한다.

② 프라이팬에 참기름을 넣어 가열하고, 다진 돼지고기를 중불에 볶는다.
고기의 붉은색이 사라지면 파를 넣고 볶는다. 살짝 익었으면 두부를
자르지 않고 통째로 넣어 나무 주걱으로 크게 한입 크기로 으깬다.

③ 두부에서 수분이 나오면 불고기소스와 치킨스톡을 넣고 가볍게 섞는다.
Ⓐ를 작은 그릇에 넣고 잘 섞어서 팬 전체에 잘 뿌린다. 가볍게 섞어
1분 정도 끓이고, 그릇에 담아 파를 토핑한다.

**응용**

## 온천달걀
## 마파두부덮밥

덮밥으로 응용하자.
온천달걀에 비벼 먹으면
훌륭!

### 전자레인지로 만드는
### 온천달걀

조금 깊이가 있는 내열
접시나 머그 컵에 달걀을
깨서 넣고, 물 100ml를 넣어 전자레인지에
1분~1분 30초 가열한다.

여러 개 말고 커다랗게 하나만 굽자.
프라이팬 하나로 완성!

# 대형 치킨동그랑땡

POINT

비닐봉지에 넣고 재료를
섞어줄 땐 입구를 완전히
밀봉하면 터지기 쉬우므로 주의.
동그랑땡을 뒤집을 땐 접시를
사용하면 편리하다.

### 🍈 재료(2인분)

다진 닭고기 ··· 400g(가슴살 200g+다리살 200g 추천)

달걀 ··· 2개

채 썬 파 ··· 30g

차조기잎(깻잎이나 셀러리 잎사귀 부분으로 대체 가능) ··· 약 5장

소금 ··· 3꼬집

Ⓐ
- 미림 ··· 3큰술
- 간장 ··· 2큰술
- 설탕 ··· 2작은술

식용유 ··· 1작은술

### 🥄 만드는 방법

❶ 비닐봉지에 닭고기, 달걀, 파, 소금을 넣고 끈기가 생길 때까지 잘 치댄다.

❷ 프라이팬에 식용유를 드르고 비닐봉지의 아랫부분을 가위로 잘라 내용물을 짜낸다. 스푼을 사용해 둥글게 모양을 잡고, 중불로 2분 정도 굽는다. 뒤집어서 나머지 면도 1분 굽는다 (익은 면을 아래쪽으로 해서 옮겼다가 그대로 다시 프라이팬에 엎으면 모양을 망치지 않고 쉽게 뒤집을 수 있다).

❸ Ⓐ를 섞어서 한 바퀴 둘러준 후 뚜껑을 덮고 약불에 3분 정도 그대로 굽는다. 중불로 조절한 후 남은 소스를 끼얹어가며 굽고 수분이 날아가면 그릇에 담는다.

❹ 차조기잎을 말아 쥐고 주방 가위로 잘게 잘라 올린다.

조미료를 묻혀 전자레인지에 넣으면 끝

# 싸다! 간단하다! 맛있다!
## 3박자를 갖춘 닭 날개 반찬 레시피

어른도 아이도 좋아하는 맛

**BBQ치킨**

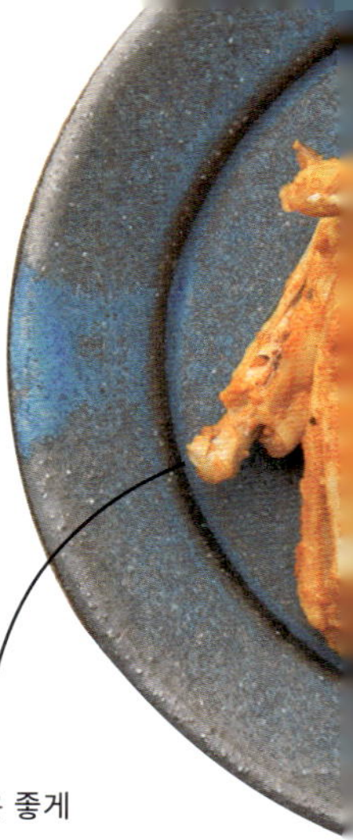

매콤하고 식감은 좋게

**탄두리치킨**

---

🍋 **재료(닭 날개 약 15개분)**

닭 날개 … 약 15개

Ⓐ
- 간장 … 2큰술
- 케첩, 미림, 청주 … 각 1큰술
- 설탕 … 2작은술
- 다진 마늘(튜브형) … 3cm

🥄 **만드는 방법**

① 닭 날개와 Ⓐ를 비닐봉지에 넣고
조물조물 섞는다. 15분간 냉장고에 둔다.

② 넓은 내열 접시에 펼쳐 놓고 랩을
가볍게 씌운 후 전자레인지에 7분간
가열한다. 취향에 따라 참깨를 뿌려도 된다.

🍋 **재료(닭 날개 약 15개 분)**

닭 날개 … 약 15개

Ⓐ
- 플레인 요구르트 … 2큰술
- 카레 가루 … 2작은술
- 케첩 … 1.5큰술
- 다진 마늘(튜브형),
- 다진 생강(튜브형) … 각 3c

하룻밤 이상 숙성시켜도 OK. 먹기 전날 두면,

## POINT

고기를 주방 가위로 잘라서 아직 분홍색을 띄면 30초 정도 더 가열한다. 내열 접시에 종이포일을 깔면 설거지가 훨씬 쉽다.

### 만드는 방법

1. 닭 날개와 Ⓐ를 비닐봉지에 넣고 조물조물 섞는다. 15분간 냉장고에 둔다.
2. 넓은 내열 접시에 펼쳐 놓고 랩을 가볍거 씌운 후 전자레인지에 7분간 가열한다.

### 재료(닭 날개 약 15개분)

닭 날개 … 약 15개

Ⓐ
- 바질 가루, 올리브오일 … 각 2작은술
- 미림 … 2큰술
- 다진 마늘(튜브형) … 각 4~5cm
- 소금 … 3꼬집

### 만드는 방법

1. 닭 날개와 Ⓐ를 비닐봉지에 넣고 조물조물 섞는다. 15분간 냉장고에 둔다.
2. 넓은 내열 접시에 펼쳐 놓고 랩을 가볍게 씌운 후 전자레인지에 7분간 가열한다. 취향에 따라 후추나 레몬즙을 뿌린다.

**조리할 땐 전자레인지어 넣기만 하면 끝!!**

모조리 전기밥솥에 넣고 스위치만 누르면 끝

# 탱글탱글 채소 토마토찜

POINT

채소는 당근, 감자, 가지,
주키니호박, 아스파라거스 등
무엇이든 OK. 내용물이 80퍼센트
를 넘지 않도록 조절하세요. 설탕
대신 꿀을 넣으면 감칠맛이 UP!

🧅 **재료(만들기 쉬운 양 / 쌀 3컵 분량)**

양파(大) ⋯ 큰 것 1/2개

냉동 브로콜리 ⋯ 약 100g (생브로콜리도 가능)

비엔나소시지 ⋯ 8~12개

토마토 통조림 ⋯ 1캔(약 400g)

Ⓐ
- 콩소메 가루 ⋯ 1큰술
- 다진 마늘(튜브형) ⋯ 5cm
- 설탕, 간장, 미림 ⋯ 각 1큰술
- 버터 ⋯ 10g

🥄 **만드는 방법**

① 양파를 반달 모양으로 썬다. 비엔나소시지는
반으로 자르거나 칼집을 낸다.

② 내솥에 ①과 브로콜리를 넣고, 통조림 토마토와 Ⓐ를 넣는다.
물 1컵을 붓고 일반 취사 모드로 조리한다.

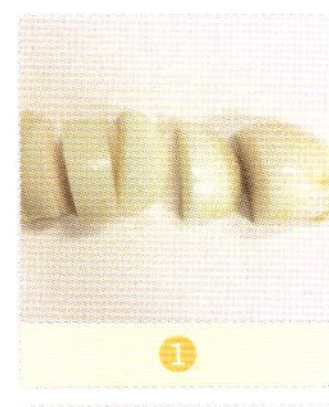
①

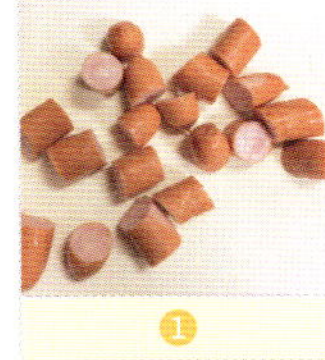
①

②



🍴 **식사할 때의 팁** 갓 구운 빵을 곁들이면 금상첨화. 남은 국물에 밥과 소금,
후추를 조금 뿌리고 치즈를 올려 전자레인지에 1분간 가열하면
리소토풍 음식을 만들 수 있다.

스위치만 눌러놓고 빈둥거리자.

편의점에서 파는 샐러드용 치킨과
저렴한 숙주로 만드는 중식 샐러드

# 치킨 숙주 샐러드

POINT

소스는 불고기소스와
참깨드레싱을 1 대 1로
섞어준 것. 소스의 양은
취향에 맞춰 조절하자.

### 🧅 재료(1인분)

닭 가슴살 … 1팩

숙주 … 1/2 봉

치킨스톡(가루형) … 1작은술

불고기소스, 참깨드레싱 … 각 2큰술

### 👌 만드는 방법

① 숙주를 내열 그릇에 넣고 치킨스톡을 뿌린 후, 랩을 가볍게
씌워 2분 30초간 전자-레인지에 가열하고 섞는다.

② 불고기소스와 참깨드레싱을 잘 섞어 달콤 짭짤한
참깨드레싱을 만든다.

③ 닭 가슴살을 적당한 크기로 찢어 그릇에 올리고 ①을
그 위에 올린 후, ②를 뿌린다.

🍴 **식사할 때의 팁**    안주용으로 만들고 싶을 땐 후추를 뿌리거나, 고기구이용
소스를 매운맛으로 쓰면 어른 입맛으로 재탄생.

샐러드용 닭 가슴살은 편리한 식재료…!

# 고등어 브로콜리 샐러드

### 🧅 재료(1인분)

고등어 통조림 … 1캔

냉동 브로콜리 … 약 80g(생브로콜리도 가능)

올리브오일 … 1큰술

다진 마늘(튜브형) … 2cm

### 🍳 만드는 방법

① 냉동 브로콜리를 내열 그릇에 넣고 가볍게 랩을 씌운 후
전자레인지에 2분 정도 데워 해동한다(생브로콜리는 물에 데친다).

② 국물을 제거한 통조림 고등어를 넣는다. 올리브오일과 마늘을 넣고
고등어 살을 으깨면서 섞는다.

③ 랩을 씌우지 않고 그대로 전자레인지에 1분 30초 동안 가열한다.

**POINT** 고등어 통조림은 국물을 제거하지 않으면 짜기 때문에
국물을 잘 제거하고 넣어주자. 안주에도 딱 어울리는 음식.

냉동 브로콜리와 고등어 통조림은 여유분을
저장해 둘 수 있으니, 언제든 만들어 먹을 수 있다!

오븐토스터로 음식점에서 먹었던 맛을 낸다.
갓 구운 빵과 먹으면 금상첨화.

## 버섯아히요

치킨스톡과 멘쯔유 조금으로
맛을 끌어올린다

## 배추나물

### POINT

올리브오일이 조금 적다고
느낄 수도 있지만, 버섯에서
나오는 수분 때문에 완성하고
나면 국물이 넉넉하게
생깁니다.

만가닥버섯이 아닌
다른 버섯으로 만들어도 맛있다

## 참치 만가닥버섯
## 마늘찜

버터와 폰즈소스
그 의외의 조합에 감격할지도

## 버터 폰즈 가지찜

POINT

이 페이지에서 소개하는 요리는
단 한 가지 채소만을 가지고
전자레인지나 오븐토스터로
완성하는 초간단 레시피. 만들어
냉장 보관 해두면 든든합니다.

# 배추나물

### 🧄 재료(1~2인분)

배추 … 약 1/8통

참깨 … 각자 취향에 맞게 조절

치킨스톡(가루형) … 1작은술

멘쯔유(2배 농축) … 1큰술

참기름 … 1작은술

### 🍳 만드는 방법

1. 배추를 한 입 크기로 자른다.
2. 큰 내열 그릇에 배추를 넣고, 랩을 가볍게 씌운 후 전자레인지에 5분간 가열한다.
3. 채반에 옮겨 수분을 제거하고 그릇에 담은 후, 치킨스톡, 멘쯔유, 참기름, 참깨를 넣고 잘 섞는다.

 마트에서 파는 손질용 배추를 사면 두말할 것도 없이 간단해진다.

# 버섯아히요

### 🧄 재료(1~2인분)

만가닥버섯 … 1/2 팩

새송이버섯 … 1팩

올리브오일 … 4큰술

다진 마늘(튜브형) … 1작은술

다시 가루 … 2작은술

### 🍳 만드는 방법

1. 새송이버섯은 납작하게 찢은 후 주방 가위로 2cm 정도 간격으로 자른다. 만가닥버섯은 밑동 부분 흙을 제거하고 깨끗하게 정리해준 후 분리한다. 버섯을 모두 한꺼번에 비닐봉지에 넣는다.
2. 마늘과 다시 가루를 넣고 잘 섞는다.
3. 내열 그릇에 넣고 올리브오일을 뿌려 섞은 후 오븐토스터에 7분간 굽는다. 취향대로 파슬리 가루를 뿌린다.

 스튜 냄비에 만들면 한결 기분이 난다. 간단하게 만드는 타파스~!

## 버터 폰즈 가지찜

### 🧅 저료(1~2인분)

가지 ⋯ 2개

채 썬 파 ⋯ 약 2큰술

버터 ⋯ 1큰술

폰즈간장 ⋯ 2큰술

### 🍳 만드는 방법

**1** 가지를 숭덩숭덩 썰어 물에 담근다.

**2** 물기를 제거하고 내열 접시에 올린 후,
잘게 찢은 버터를 뿌린다.

**3** 랩을 가볍게 씌우고 전자레인지에 4분간 가열한다.

**4** 가볍게 섞어 녹은 버터를 잘 풀어주고,
파를 올린 후 폰즈간장을 골고루 뿌린다.

 전자레인지에 한 번 돌리는 것만으로 일품요리!

## 참치 만가닥버섯 마늘찜

### 🧅 재료(1인분)

참치 통조림 ⋯ 1캔

만가닥버섯 ⋯ 1팩

다시 가루 ⋯ 1/2작은술

다진 마늘(튜브형) ⋯ 1cm

### 🍳 만드는 방법

**1** 만가닥버섯은 주방 가위로 흙이 있는
밑동 부분을 잘라 정리한다.

**2** 내열 접시에 담아 참치를 기름까지 다 넣고
다시 가루, 마늘을 넣는다.

**3** 랩을 가볍게 씌워 전자레인지에 1분 30초간
가열하고 전체적으로 섞는다.

 칼과 도마는 필요 없고 재료는 총 4가지뿐! 참치 기름을 흡수한 버섯 맛이 끝내준다.

# 삼겹살 튀김냉소면

### 🧅 재료(1인분)

소면 … 1인분

얇게 썬 돼지고기(삼겹살) … 약 100g

채 썬 파, 고명용 튀김 알갱이 … 각자 취향에 맞게 조절

Ⓐ
- 멘쯔유(2배 농축) … 3큰술
- 배합초(일반 식초) … 1큰술
- 물 … 3큰술

### 🍳 만드는 방법

①  냄비에 물을 끓여 돼지 고기를 한 장씩 데치고, 그릇에 옮겨 식힌다.

②  소면은 포장 용기에 적힌 시간대로 삶아주고, 흐르는 물에 씻은 후 물기를 완전히 제거해 그릇에 담는다.

③  돼지고기, 파, 고명용 튀김 알갱이를 소면 위에 올리고, 잘 섞은 Ⓐ를 뿌린다.

**POINT**

돼지고기는 얇게 썬 대패삼겹살이나, 샤브샤브용도 OK.
파는 차 썰어 냉동 보관 해두면 편리하다.
배합초를 쓰면 맛이 금세 업그레이드된다.

소면은 평소 준비해두면 야근 후 퇴근했을 때 도움이 된다.

# 참치마요 차조기소면

## 🍚 재료(1인분)

소면 … 1인분

참치 캔 … 1개

차조기잎 … 2~3장

마요네즈 … 각자 취향에 맞게 조절

멘쯔유(2배 농축) … 2큰술

배합초(일반 식초) … 1큰술

## 🍳 만드는 방법

① 참치는 기름을 제거하고 마요네즈를 넣어 잘 섞는다.
캔에 곧바로 마요네즈를 뿌려 만들어도 OK.

② 소면은 포장 용기에 적힌 시간대로 삶아 그릇에 담고,
①을 올린다.

③ 멘쯔유와 배합초를 뿌린다. 차조기잎을 말아 쥐고 주방 가위로
잘게 잘라 올린다. 모든 재료를 잘 섞어 먹는다.

**P O I N T**

쯔유의 간이 너무 세던 물을 섞는다. 볶음 면이 나 우동으로 만들어도 맛있다. 아이들이 먹을 땐 두반장을 빼고 만들어도 좋다. 삶은 청경채가 있다-면 본격적인 요리로 변신.

## 참깨 없이 만드는 부드러운 탄탄면
# 두유 탄탄소면

### 🧅 재료(1인분)

다진 고기(섞은 돼지고기와 소고기 혹은 돼지고기) … 80g  소면 … 1인분

채 썬 파 … 각자 취향에 맞게 조절

**A**
멘쯔유(2배 농축) … 1큰술

다진 생강(튜브형), 다진 마늘(튜브형) … 각 2cm  참기름 … 2작은술

**B**
덴쯔유(2배 농축) … 50ml

두유 … 50ml  미소된장 … 1작은술

두반장(생략 가능) … 1작은술

### 🥄 만드는 방법

① 다진고기에 Ⓐ를 넣고 잘 섞은 후, 랩을 가볍게 씌워 전자레인지에 3분 30초간 가열한다. 스푼으로 뭉친 고기들을 풀고, 아직 안 익은 부분이 있다면 30초~1분 정도 재가열한다.

② 소면은 포장 용기에 적힌 대로 삶아 그릇에 담고, ①을 올려서 잘 섞은 후 Ⓑ를 뿌린다. 채 썬 파를 취향대로 올린다.

# 미소된장 고기소보로

## 재료(만들기 쉬운 분량)

다진 고기(섞은 돼지고기나 소고기 혹은
돼지고기만으로도 가능) … 180g

**A**
- 간장, 청주, 설탕, 녹말가루 … 각 1큰술
- 미소된장, 물 … 각 2큰술
- 다진 생강(튜브형), 다진 마늘(튜브형) … 각 3cm

## 만드는 방법

1. 내열 접시에 다진 고기와 **A**를 넣고 잘 섞는다.
2. 랩을 가볍게 씌우고, 전자레인지에 3분간 가열한다.
3. 랩을 벗기고 뒤적인 후, 다시 랩을 씌워 2분간 가열한다. 전체적으로 잘 섞는다.

### POINT

그릇이 깊은 경우 안 익는
부분이 있을 수 있으므로
마지막까지 뭉친 고기를
풀어주며 익을 때까지
재가열한다.

### 식사할 때의 팁

냉장 보관은 보존 용기에 넣어 일주일 정도,
냉동 보관은 먹을 분량을 소분해 보관해서
2~3주 정도 먹으면 된다.

 따끈따끈 갓 지은 밥 위에 올려 먹어보자. 격하게 맛있다~!

## 응용 1

짜장면 스타일의 응용

# 미소된장 고기소면

### 재료(1인분)

미소된장 고기소보로 … 각자 취향에 맞게 조절

소면 … 1인분

냉동 시금치 … 각자 취향에 맞게 조절

참기름 … 1작은술~1큰술

멘쯔유(2배 농축) … 1큰술

참깨 … 각자 취향에 맞게 조절

### 만드는 방법

1. 미소된장 고기소보로는 랩을 씌워 전자레인지에 가볍게 데우고 소면은 포장 용기 조리법대로 삶는다.

2. 소면에 참기름과 쯔유를 뿌리고 잘 섞는다. 양은 입맛에 맞게 조절한다.

3. 전자레인지로 해동한 냉동 시금치를 ❶의 미소된장 고기소보로와 함께 올리고 참깨를 뿌린다.

## 응용 2

모든 것을 전자레인지로 해결!

# 미소된장 고기 가지찜

### 재료(1인분)

가지 … 1개

미소된장 고기소보로 … 각자 취향에 맞게 조절

참깨 … 각자 취향에 맞게 조절

### 만드는 방법

1. 가지는 껍질을 벗기고, 랩으로 싸서 내열 접시에 올려 4분간 가열한다(크기가 큰 경우 5분).

2. 미소된장 고기소보로는 랩을 씌워 가볍게 데운다. 가지는 4등분으로 길게 찢고 그 위에 미소된장 고기소보로를 듬뿍 올린 후 참깨를 뿌린다.

## 응용 3

토르티야를 이용한 피자

# 미소된장 고기 치즈피자

### 재료(1인분)

토르티야 … 1장

미소된장 고기소보로 … 3~4큰술

채 썬 파, 치즈, 마요네즈 … 각자 취향에 맞게 조절

### 만드는 방법

1. 토르티야를 접시에 올리고, 마요네즈를 넣고 싶은 만큼 뿌려 펼친다. 미소된장 고기소보로와 치즈를 얹어 오븐토스터에 2~3분간 굽는다.

2. 채 썬 파를 토핑한다.

토르티야는 쉽게 타기 때문에 알루미늄포일을 깔고 굽는 것이 좋다.

만능 고기소보로를 활용한
로코모코풍 한 끼 라이스

### 🍙 재료(1인분)

만능 고기소보로(p.25 참조) … 약 4큰술

따뜻한 밥 … 1공기

좋아하는 잎채소 … 각자 취향에 맞게 조절

달걀 … 1개

케첩, 우스터소스 … 각 1큰술

### 🥄 만드는 방법

**1** 내열 접시에 달걀을 깨 넣고, 랩을 씌우지 않은 채 해동 모드에서
3분 이상 가열해 달걀프라이를 만든다.

**2** 고기소보로를 작은 그릇에 넣고, 케첩과 우스터소스를 넣어 잘 섞는다.
랩을 가볍게 씌워 전자레인지에 1분간 가열한다. 아직 찬 부분이 있다면
다시 한번 가열한다.

**3** 그릇에 밥과 적당한 크기로 찢은 잎채소를 올리고 밥 위에 **2**와 **1**의
달걀프라이를 얹는다

**POINT**
달걀프라이를 만들 땐 익은 정도를 보면서 가열 시간을
조절하고, 해동 모드가 없다면 이쑤시개 등으로 노른자를
찔러 구멍을 낸 후 데우기 모드에서 수십 초간 가열하면 OK.

무려…… 달걀프라이가 전자레인지로 한 방에 완성!

훈제 연어를 달콤한 소스에 재워
아보카도와 함께 덮밥으로
아보카도 연어덮밥

### 🧅 재료(2인분)

훈제 연어 … 1팩

아보카도 … 1개

따뜻한 밥 … 2공기

좋아하는 잎채소 … 각자 취향에 맞게 조절(상추도 OK)

간장 ‥ 2큰술

마요네즈, 설탕 … 각 1큰술

참기름 … 1작은술

### 🍳 만드는 방법

① 간장과 설탕을 잘 섞고, 마요네즈와 참기름을 더해 다시 섞는다.
훈제 연어를 넣고 잘 재운다.

② 아보카도를 깍둑썰기한다.

③ 밥과 잎채소를 접시에 깔고 ❶과 ❷를 올린다.
취향대로 참깨를 뿌려도 좋다. 토마토를 올리는 것도 추천.

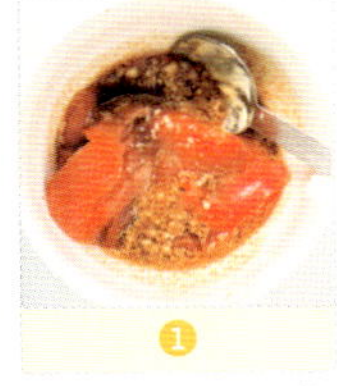

❶

❷

**POINT**

매콤함을 원한다면 소스에 두반장을 1/2 작은술 정도 더하는 것을 추천합니다. 소스가 밥에 적절히 스며들면 완전 꿀맛.

이 비법 소스만 있으면,
카페 메뉴가 순식간에 만들어진다!

# 일본식 잔멸치 오믈렛

POINT

달걀은 개인 취향이지만
반숙을 추천합니다.
냉동 보관 했던 밥을 먹을 때도
추천하는 레시피입니다.

### 재료(1인분)

달걀 … 2개

치어(멸치나 청어 그 외 등등) … 4큰술

따뜻한 밥 … 1공기

채 썬 파, 참깨 … 각자 취향에 맞게 조절

**A**
ㄱ-다랑어포 … 1~2큰술
ㄴ-장 … 1작은술

**B**
다시 가루 … 1작은술
미림 … 1큰술
둘 … 3큰술

식용유 … 1작은술

### 만드는 방법

1. 그릇에 밥을 넣고 **A**를 잘 섞는다. 맛을 보고 싱거우면 간장과 가다랑어포를 더해가며 간을 맞춘다.(이때 그릇에 랩을 깔고 하면 설거지가 편리). 달걀을 그릇에 깨 넣고, **B**와 치어를 넣은 후 잘 섞는다.

2. 프라이팬에 식용유를 둘러 중불로 가열하고, **2**를 넣어 넓게 펼쳐 익히다

3. 10초 정도 후에 섞어서 스크램블드에그를 만든다. 스크램블드에그를 만들고 나서 프라이팬을 앞으로 살짝 기울여 젓가락으로 오믈렛 형태를 만든다. 모양이 흐트러지지 않을 정도로 익으면 불을 끈다.

4. **1**을 그릇에 담고, **3**을 올린다. 무리해서 들면 모양이 망가지기 때문에 젓가락으로 잡아주며 밥 위에 미끄러뜨리듯 얹으면 된다. 파와 깨를 뿌린다. 샐러드나 방울토마토를 곁들여도 좋다.

오믈렛 모양은 예쁘게 만들지 않아도 괜찮다.

완벽한 모양을 만들고 싶다면 체력이 허락하는 날 연습하도록 하자.

# 특제 돈가스샌드위치

### POINT

아이가 먹을 땐 머스터드소스를
빼도 좋다. 머스터드 대신
겨자소스를 써도 된다.
식빵은 오븐토스터에 살짝
구우면 더 맛있다.

**재료(1인분)**

돈가스(치킨가스도 OK) ··· 1장

채 썬 양배추 ··· 각자 취향게 맞게 조절

식빵 ··· 2장

Ⓐ
- 우스터 소스, 물 ··· 각 3큰술
- 간장, 청주, 미림, 배합초(일반 식초) ··· 각 1큰술
- 설탕 ··· 2큰술

마요네즈, 머스터드 ··· 각자 취향에 맞게 조절

**만드는 방법**

① 작은 프라이팬에 A를 넣고 잘 섞어가며 끓인다.

② 작은 크기의 돈가스라면 그대로, 크기가 크면 반으로 자르고
①의 소스를 묻혀 1~2분간 졸인다.

③ 빵에 마요네즈와 머스터드를 넣고 싶은 만큼 바른다.

④ 양배추를 수북이 얹고 돈가스를 올린 후, 다시 양배추를 얹는다.
남은 빵을 덮어준 후 부드럽게 누른 다음 먹기 좋게 썬다.
방을토마토를 곁들여도 좋다.

시간이 지나면 딱딱해지므로
막 만들었을 때, 한입 가득 먹자!

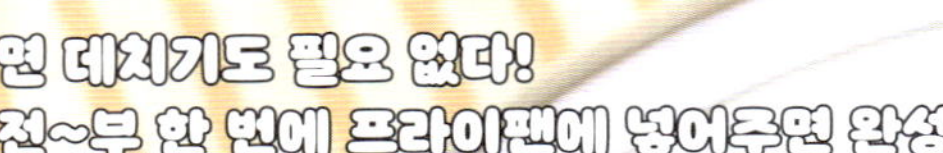

POINT

도중에 물이 모자라면
50ml 정도 넣어도 좋습니다.
삶는 시간이 긴 파스타를
사용할 경우 처음 넣는
물의 양을 늘리고 시작합니다.

### 🧅 재료(1인분)

파스타 면(삶는 시간 5분용을 사용) ⋯ 1인분

비엔나소시지 ⋯ 4~5개

잎새버섯 ⋯ 1/2 팩

다시 국물(가루형) ⋯ 1봉

버터 ⋯ 10g

치킨스톡(가루형) ⋯ 1/2작은술

### 🍳 만드는 방법

❶ 커다란 프라이팬(직경 26cm 정도)에 모든 재료를 넣는다.
이따 파스타 면이 길면 들러붙기 쉽기 때문에 반으로 잘라 넣는다.
비엔나소시지는 주방 가위로 자르고, 버섯은 손으로 찢어서 넣는다.

❷ 물 250ml를 넣고 중불로 끓이다 끓기 시작하면 재료를 가볍게 섞고,
뚜껑을 덮어 중불과 약불 사이에서 중간에 한두 번 잘 저어가며
5분간 삶는다.

❸ 뚜껑을 열고 불을 강으로 올린 후 남은 수분을 날린다. 이미 수분이
날아갔으면 그대로 불을 끈다.

❶

❷

❸

설거지할 그릇은 프라이팬 단 한 개!
면을 미리 삶을 필요도 없는 마법의 레시피.

# 전자레인지로 만드는
# 황금 볶음밥

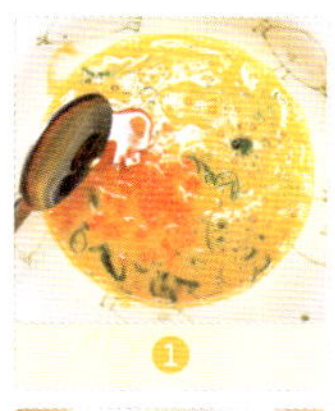

❶

❷

❸

### 재료(1인분)

달걀 … 2개

연어 플레이크 … 1큰술

채 썬 파 … 3큰술

밥 … 1공기

치킨스톡(가루형), 참기름 … 각 1작은술

### 만드는 방법

❶ 깊이가 있는 내열 접시에 달걀을 깨 넣고, 파와 연어 플레이크, 치킨스톡, 참기름을 넣어 섞는다.

❷ 랩을 가볍게 씌우고, 전자레인지에 1분간 가열한다. 랩을 벗기고 아직 덜 익은 달걀에 밥을 넣은 후, 뭉친 부분이 없게 잘 푼다. 다시 랩을 씌우고 전자·레인지에 1분 30초간 가열한다.

❸ 뭉친 달걀을 잘 풀어주면서 꼼꼼하게 섞는다.

**POINT**

그때그때 빠르게 잘 섞어주는 것이 포인트.
밥이 뭉치지 않도록 잘 섞어주면 고슬고슬한 볶음밥이 완성됩니다.

연어 플레이크는 유통기한도 길기 때문에 저장해두기 좋은 아이템.

칼질 없이, 불 없이,
편의점 식재료로 만드는 초간편 레시피
빵 그라탕

### 🧅 재료(2인분)

식빵 … 2장

카르보나라소스 … 2인분

냉동 시금치 … 한 줌

얇게 썬 베이컨 … 2~3장

슬라이스 치즈 … 2장

### 🥄 만드는 방법

1. 식빵은 한 입 크기로 찢어 내열 접시에 깐다. 종이포일을 미리 깔아주면 나중에 설거지할 때 편리하다.
2. 빵 위에 카르보나라소스를 뿌리고, 시금치를 냉동 상태 그대로 올린다. 베이컨을 주방 가위로 잘라 골고루 뿌려 올리고 랩을 씌워 전자레인지에 1분간 가열한다.
3. 치즈를 올리고 오븐토스터에 5분간 굽는다.

**POINT** 식빵 가장자리 부분은 질기고 식감이 안 좋기 때문에 조금 작게 찢어줍시다. 시금치 대신 냉동 브로콜리도 추천.

배부르게 잔뜩 먹고 싶은 사람에게 추천.

# 속성 비빔소바

### 재료(1인분)

볶음면… 1봉　달걀 … 1개

채 썬 파 … 각자 취향에 맞게 조절

가다랑어포 … 약 2큰술

김이나 그 외 넣고 싶은 토핑 … 각자 취향에 맞게 조절

(A)
- 멘쯔유(2배 농축), 배합초(일반 식초) … 각 1큰술
- 간장, 치킨스톡(가루형), 참기름 … 각 1작은술
- 다진 마늘(튜브형) … 5mm

### 만드는 방법

1. 볶음 면이 들어있는 봉지를 조금 잘라 그대로 전자레인지에 40초간 가열한다(그대로 가열하면 안 되는 비닐봉지는 면만 따로 내열 접시에 담아 랩을 씌워 가열한다).
2. (A)를 그릇에 넣어 잘 섞고 ❶에 비빈다.
3. 파, 가다랑어포, 달걀을 얹고 김이나 그 외에 좋아하는 토핑을 올린다.

❶

❷

**POINT**

토핑은 무엇이든 좋아하는 것을 올리면 OK지만, 가다랑어포만큼은 꼭 추천합니다. 매운 것을 좋아한다면 두반장이나 라유(고추기름)를 넣는 것도 추천. 마트에서 파는 반찬용 수육을 올려도 맛있어요.

먹을 때 잘~ 비벼주면 훨씬 맛있다!

# 100% 체력일 때! 보관용 냉동 채소 만들기

## 실파·대파

쓰기 좋게 작게 채 썰어 보관하는 것을 추천.
마트나 인터넷에서도 팔고 있지만
직접 만드는 편이 훨씬 저렴하죠.

## 피망

취향대로 잘라도 좋지만, 무난하게 한 입 크기로
써는 경우가 많습니다. 요리할 때마다 심지와 씨를
제거하는 수고를 덜 수 있습니다. 볶음 요리 등을
할 때는 냉동 상태 그대로 넣어도 OK.

## 버섯

버섯은 냉동하면 오히려 감칠맛이 살아납니다. 밑동에 붙은 흙과 먼지를 제거하고,
한 입 크기로 찢어 놓읍시다. 국이나 볶음 요리 등 어떤 요리에든 유용합니다.

예를 들어 할 일 없는 휴일…… 체력이 남아돌 때 만드는 보관용 채소는 번아웃을 대비한 든든한 보험입니다. 장을 보지 못한 날에도, 다 쓸 수 없는 채소가 남았을 때도 모든 고민을 해결해줍니다. 채소를 매번 사는 것보다 경제적이고 장을 자주 볼 필요도 없어요!

4

## 부추

부추도 냉동 가능. 약 4cm 정도로 잘라두면 쓰기 편합니다. 국쿨 요리나 볶음 요리에 원하는 만큼 넣으면 OK.

5

## 청경채

청경채도 쓰고 남았을 때 냉동 보관을 추천합니다. 사용하기 쉽도록 4~5cm로 썰어둡니다. 집에 채소가 없을 때라도 영양분이 풍부한 반찬을 만을 수 있습니다.

6

## 가지

쓰기 편한 형태로 OK. 사진은 마구썰기지만, 통썰기 한 것도 사용하기 쉬우니 추천합니다. 썰자마자 수분이 날아가 색이 변하기 전에 냉동합시다.

7

## 양배추

양배추도 먹기 좋은 크기로 썰어둡시다. 볶음 요리에 좋은 한 입 크기를 추천합니다. 크기가 큰 채소는 한 번에 다 쓰기 어려우니 냉동해두면 편리합니다. 되도록 빨리 소진합시다.

맥주
TV

# '좋아, 뭐라도 만들어보자' 결심할 때 추천하는 레시피

오늘은 빨리 퇴근할 수 있을 것 같아. 맛있는 것 해 먹고
느긋하게 있고 싶다. 그런 생각이 들 때, 지친 몸을 달래주는 레시피.
퇴근길에 마트로 GO!

숙주와 다진 고기, 토마토를 사용한
술술 넘어가는 저렴한 저녁 반찬

# 숙주 고기 카레볶음

POINT

토마토는 흐물흐물
해질 때까지 볶는 것보다
살짝 덜 익은 정도로
익히는 것이
산뜻하고 맛있다.

## 🧅 재료(2인분)

숙주 ⋯ 1봉

다진 고기 ⋯ 150g

토마토 ⋯ 1개

치즈 ⋯ 각자 취향에 맞게 조절

Ⓐ
간장, 미림, 청주, 케첩 ⋯ 각 1.5큰술

카레 가루 ⋯ 1큰술

다진 마늘(튜브형) ⋯ 3cm

식용유 ⋯ 1작은술

## 🥄 만드는 방법

① 토마토는 2cm로 깍둑썰기 한다.

② 식용유를 프라이팬에 가열하고, 다진고기를 볶는다.
80퍼센트 정도 색이 변했을 때, 숙주를 넣고 함께 볶는다.

③ Ⓐ를 전부 넣고, 잘 섞어가며 볶는다. 숙주의 숨이 죽으던
토마토를 넣고 볶는다. 채소에서 나온 수분이 끓기 시작하면
치즈를 넣고 적당히 녹인다.

> 🍴 **식사할 때의 팁**
> 남은 국물에 밥과 치즈를 넣으면
> 리소토 느낌의 맛있는 밥이 완성됩니다.

① 

② 

③

토마트 자르기가 귀찮다면,
방울토마토를 주방 가위로 잘라도 좋습니다.

# 돼지갈비 BBQ

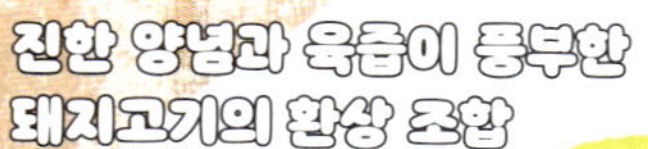

### POINT

전날 시간이 날 때
하룻밤 재워둬도 OK.
돼지갈비의 크기가 큰
경우에는 굽는 시간을
15분으로 늘린다.

## 재료(2인분)

돼지갈비 ··· 350~400g

A
- 케첩 ··· 3큰술
- 간장, 꿀, 우스터소스 ··· 각 1큰술
- 배합초(일반 식초) ··· 1.5큰술
- 다진 마늘(튜브형) ··· 4cm

흑후추 ··· 각자 취향에 맞게 조절

## 만드는 방법

1. 돼지갈비는 주방 가위를 사용해 2cm 간격으로 칼집을 낸다.
2. 밀폐 기능이 있는 지퍼 백에 1과 A를 넣어 조물조물 잘 섞고, 입구를 꽉 닫아 냉장실에 30분 이상 넣어둔다.
3. 돼지갈비를 봉투에서 꺼내 프라이팬에 늘어놓고, 중불로 표면을 굽는다. 봉투에 남은 소스와 물 50ml 정도를 프라이팬에 넣고 끓기 시작하면 뚜껑을 닫아 약불로 10분간 굽는다. 마지막으로 강불에 소스를 졸이고, 후추를 넣고 싶은 만큼 뿌린다. 취향대로 샐러드를 곁들인다.

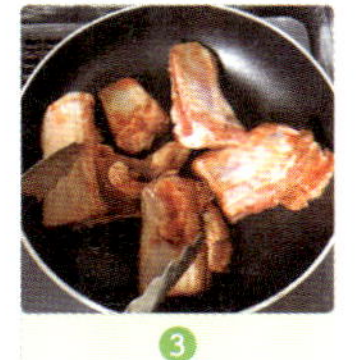

시간이 있을 때 조물조물 만들어두자.

씹는 맛이 살아있는 돼지고기 완자를
달짝지근한 소스와 먹는 중식 요리
돼지완자
깐초탕수육

## 🧅 재료(2인분)

다진 돼지고기 … 350g　양파 … 1개

Ⓐ
- 소금, 흑후추 … 각 2~3회 뿌리기
- 녹말가루 … 2큰술

Ⓑ
- 간장 … 2~2.5큰술
- 청주, 배합초(일반 식초) … 각 2큰술
- 설탕 … 2작은술

Ⓒ
- 녹말가루 … 1작은술
- 물 … 1큰술

식용유 … 1큰술

## 🥄 만드는 방법

1. 돼지고기를 비닐봉지에 넣고, Ⓐ를 넣은 후 전체적으로 잘 스며들게 주무른다. 양파는 반달 모양으로 썬다.

2. 돼지고기를 직경 3cm 정도의 완자 모양으로 반죽해 달군 팬에 식용유를 넣고 중불토 굽는다. 가끔 굴리며 전체적으로 노릇한 색이 나올 때까지 굽는다.

3. 돼지고기 완자를 프라이팬 한쪽에 밀어놓고, 양파와 물 100ml를 넣은 채 뚜껑을 닫아 약불에서 3분간 익힌다.

4. Ⓑ를 넣고 전체적으로 잘 묻혀가며 중불에 익힌다.

5. Ⓒ를 잘 섞어 4에 돌려가며 뿌려 섞고, 30초 정도 부글부글 끓여 걸쭉하게 만든다.

15분 정도 주방에 서 있을 힘이 있다면 추천!

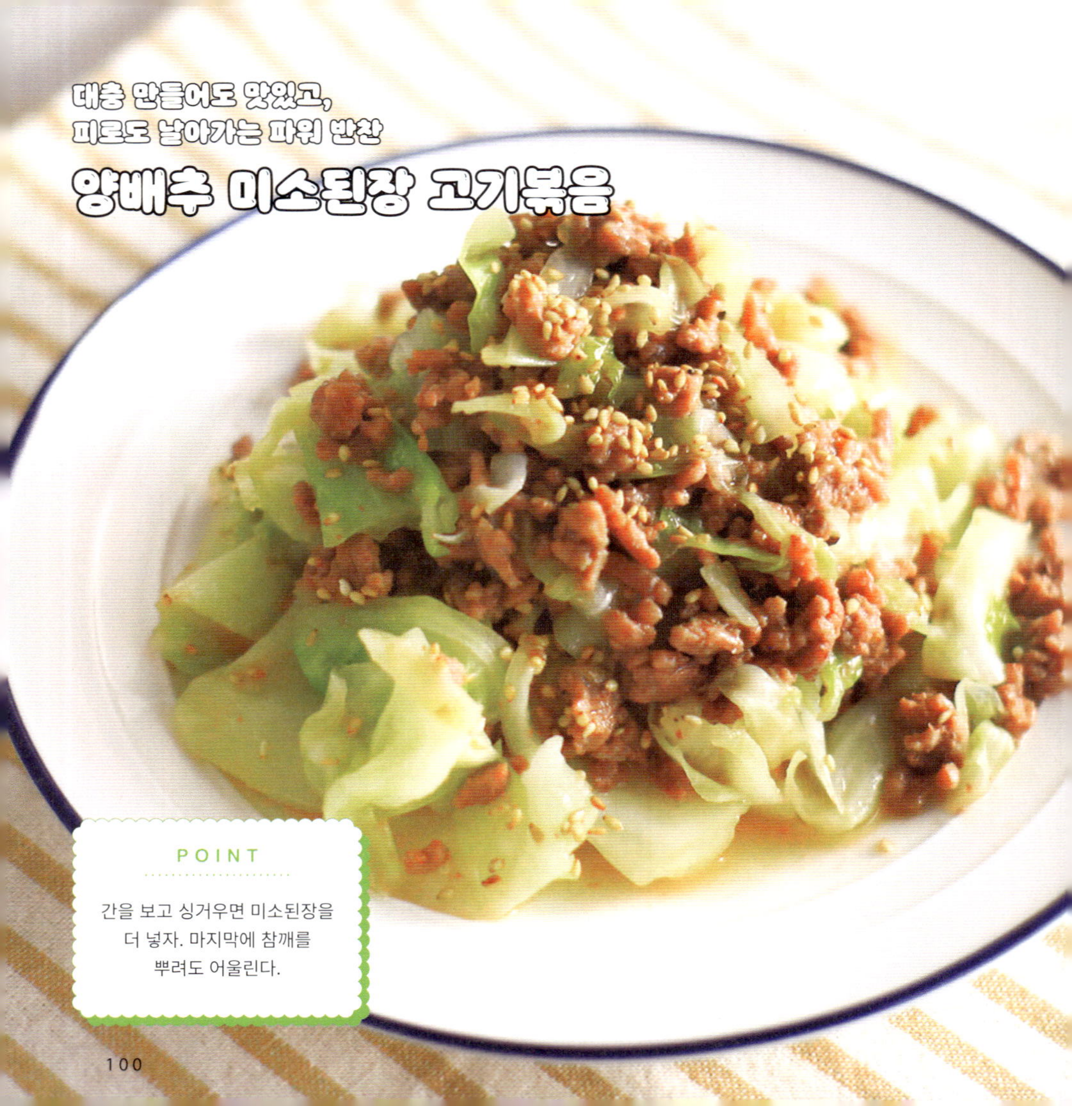

# 양배추 미소된장 고기볶음



간을 보고 싱거우면 미소된장을
더 넣자. 마지막에 참깨를
뿌려도 어울린다.

### 🧅 재료(1~2인분)

다진 고기 … 200g

양배추 … 1/4 통

Ⓐ
- 미림 … 3큰술
- 청주 … 2큰술
- 설탕 … 2작은술

미소된장 … 1큰술

식용유 … 2작은술

### 🍳 만드는 방법

1 양배추를 한 입 크기로 썬다.

2 직경 26cm 정도 프라이팬에 식용유를 붓고 가열한 후, 다진 고기를 넣어 중불에 볶는다. 30퍼센트 정도 익었을 때, 1과 Ⓐ를 넣고 섞는다. 양배추 숨이 죽을 때까지 뚜껑을 닫고 2분 정도 익힌다.

3 양배추와 고기를 프라이팬 가장자리로 밀어놓고 가운데에 미소된장을 넣어 풀어준다. 불을 중불과 강불 사이로 맞춘 후 부글부글 끓이며 수분을 반쯤 날린다.

달짝지근한 미소된장과 흰밥의 궁합은 최고!

쓱쓱 만드는데, 저렴하고, 맛있다!
숙주와 부추의 새콤달콤 궁합은 역시 최고

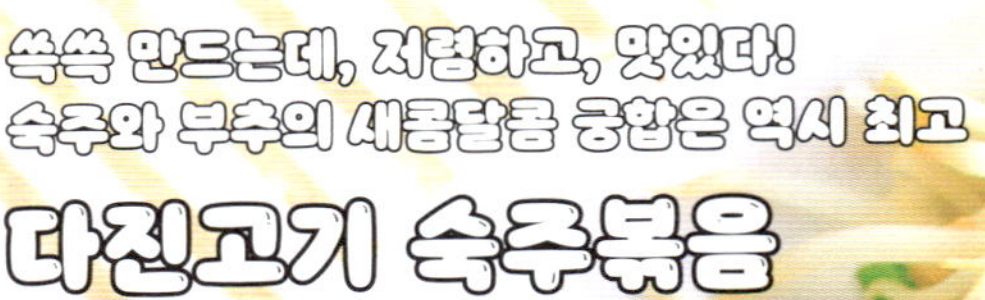

# 다진고기 숙주볶음

POINT

녹말 물을 더해줄 때
가열 온도가 너무 높거나
낮으면 잘 걸쭉해지지 않는다.
30초 정도 가열하는
것이 적당하다.

### 🧅 재료(2인분)

숙주 … 1봉

부추 … 약 3줄기

다진 고기 … 100g

**Ⓐ**
- **케첩** … 2큰술
- 간장, 배합초(일반 식초) … 각 1큰술
- 설탕 … 1작은술
- 둘 … 100ml

**Ⓑ**
- 놀말가루 … 1작은술
- 둘 … 1큰술

참기름 … 1큰술

### 🍳 만드는 방법

① 프라이팬에 참기름을 가열하고, 숙주를 볶는다. 숨이 죽기 시작하면
부추를 폭 4cm 정도 길이로 잘라 함께 볶는다. 익어서 숨이 죽으면
접시에 담는다.

② 같은 프라이팬에 다진 고기와 Ⓐ를 넣고 가열하고, 고기의 뭉친 부분을
풀어주면서 전체적으로 잘 익힌다.

③ Ⓑ를 섞어서 ②에 둘러 뿌리고, 잘 섞어준 후 30초 정도 부글부글 끓인다.
①에 ③을 얹는다.

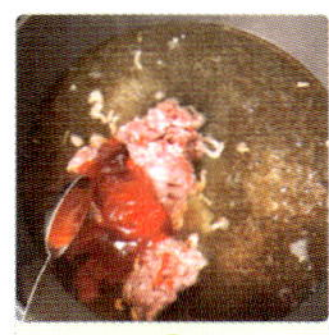

주방 가위를 사용하면 식칼이나 도마를 쓰지 않아도
되기 때문에 설거짓거리가 많이 줄어들어요.

우쇠프라이 팬 사용을 추천
식탁에 그대로 올리면 됩니다

# 프라이팬 그라탕

POINT

프라이팬의 크기 때문에
마카로니가 물에 잠기지
않을 경우, 마카로니가
잠길 정도의 물을
넣어줍니다.

### 🧅 재료(1인분)

| | |
|---|---|
| 얇게 썬 베이컨 … 2장 | 콩소메 가루, 미소된장 … 각 1작은술 |
| 냉동 브로콜리 … 3~5개 | 우유 … 150ml |
| (생브로콜리도 가능. 삶아서 사용할 것) | 소금 … 2꼬집 |
| 만가닥버섯 … 1/4팩 | 버터 … 15g |
| 마카로니 … 40g | 박력분 … 1.5큰술 |
| 치즈 … 각자 취향에 맞게 조절 | 식용유 … 2작은술 |

### 🍳 만드는 방법

① 직경 20cm 정도 프라이팬에 기름을 둘러 가열하고, 주방 가위로 자른 베이컨, 냉동 브로콜리, 흙을 제거한 만가닥버섯을 볶는다.

② 버섯의 숨이 죽으면, 마카로니와 물 150ml, 콩소메 가루, 소금을 넣고 마카로니 포장 용기에 적힌 시간대로 끓인다. 우유를 넣고 다시 끓으면 미소된장을 넣어 잘 둘어준다.

③ 버터를 그릇에 넣고 럽을 씌운 후 전자레인지에 20초간 녹인다. 박력분을 넣고 뭉친 부분이 없게 잘 풀어준다.

④ ②에 ③을 넣고 걸쭉해질 때까지 저어주며 끓인다. 끈기가 생기지 않으면 녹인 버터나 올리브오일을 박력분과 1:1 비율로 섞어 1/2큰술 정도 넣는다.

⑤ 무쇠팬이나 알루미늄포일을 깐 내열 접시에 ④를 붓고 원하는 만큼 치즈를 올린 후, 오븐토스터에서 5분 정도 굽는다. 덜 구워졌으면 추가로 가열한다.

리시피 분량은 1인분이지만 사람 수에 맞춰 2배로 만들어도 OK.

반찬용 돈가스로 만드는 돈가스덮밥!
덮밥 소스는 멘쯔유로 OK!

# 간단 돈가스덮밥

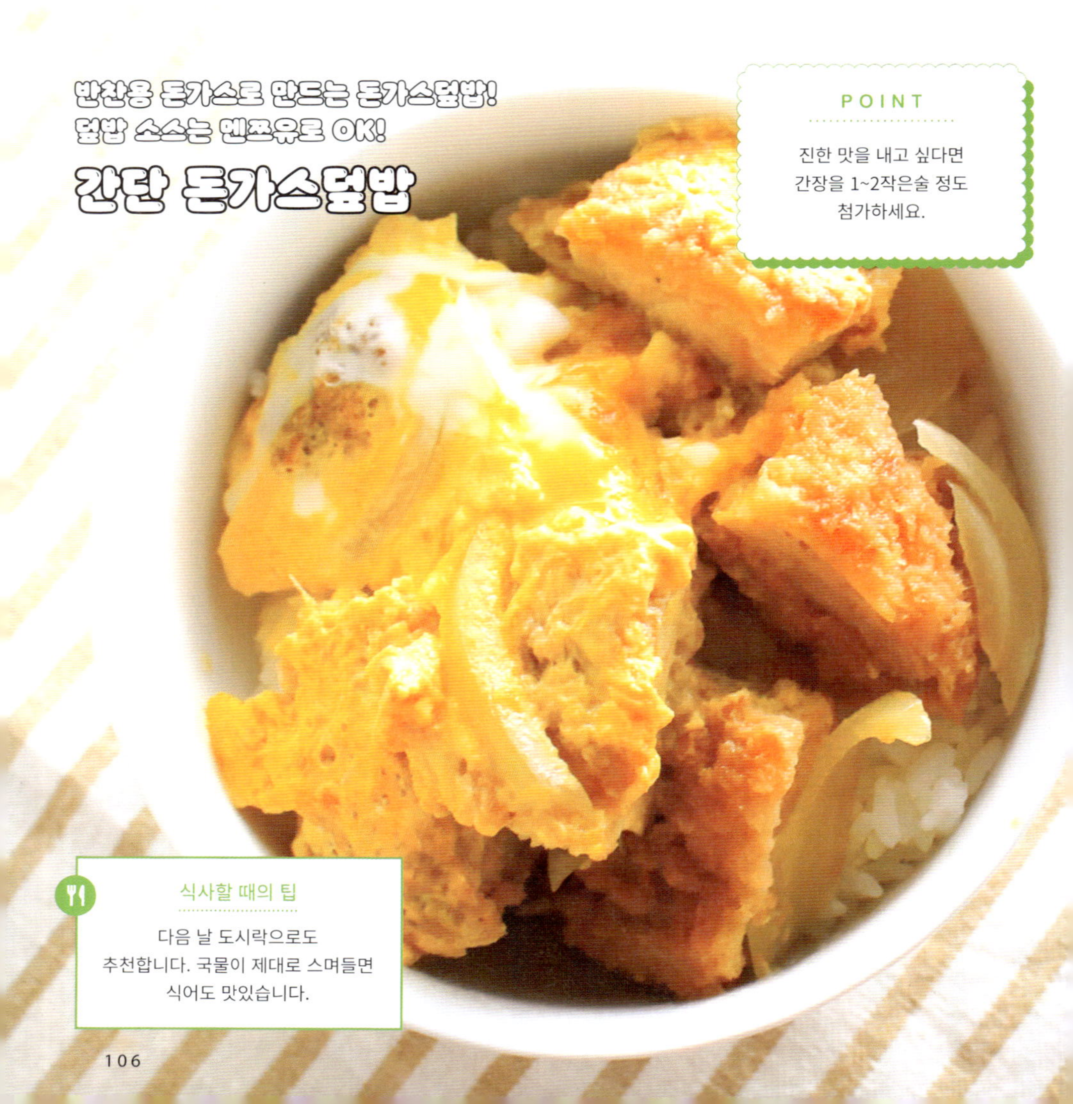

### 🧅 재료(2인분)

돈가스(치킨가스도 OK) ⋯ 1장

양파 ⋯ 1/2개

달걀 ⋯ 2개

멘쯔유(2배 농축) ⋯ 3큰술

식용유 ⋯ 2작은술

따뜻한 밥 ⋯ 2공기

### 🌙 만드는 방법

❶ 양파는 1~2cm 간격으로 채 썬다. 돈가스는 한 입 크기로 썬다.

❷ 프라이팬(직경 20cm 정도의 작은 것도 OK)에 식용유를 두르고 중불에서 양파를 볶는다. 양파의 숨이 죽으면 물 200ml와 멘쯔유를 넣고, 끓기 시작하면 돈가스를 넣어 1분 정도 더 끓인다. 쯔유가 골고루 스며들게 돈가스를 이리저리 굴리며 끓인다.

❸ 그릇에 달걀을 깨 넣고, ❷에 뿌린 후 뚜껑을 덮어 달걀이 익을 때까지 1~2분간 가열한다. 몽글몽글해지면 1분 정도 지나 뚜껑을 열고 젓가락으로 휘저으며 알맞게 익힌다.

❹ 그릇에 밥을 담고 ❸을 얹는다.

❶

❷

❸

식은 돈가스가 따끈따끈한 밥으로 변신!

조리가 전혀 필요 없다
전자레인지로 만든
미소된장 고기비빔밥

### 🧅 재료(2인분)

미소된장 고기소보로 (p. 72 참조) ··· 각자 취향에 맞게 조절

숙주 ··· 1/4봉

냉동 시금치 ··· 40g(생시금치도 가능. 주방 가위로 4~5센치씩 자른다)

Ⓐ [ 치킨스톡(가루형), 간장, 참기름 ··· 각 1작은술

배추김치 ··· 각자 취향에 맞게 조절

달걀 ··· 1개

따뜻한 밥 ··· 1공기

### 🥄 만드는 방법

❶ 숙주와 시금치를 내열 접시에 담고 가볍게 랩을 씌운 후,
전자·레인지에 3분간 가열한다.

❷ 수분을 제거하고 Ⓐ를 넣어 잘 섞는다.

❸ 그릇에 밥을 담고, 전자·레인지에 데운 미소된장 고기소보로,
❷, 김치, 달걀을 얹는다.

---

**POINT**   **미소된장 고기소보로 보관법(p.72)**

냉장실에 1주일 정도 보관 가능. 냉동하면
더 오래 보관할 수 있다. 만들어두고, 한 입
크기도 소분해 지퍼 백에 담아 보관하면
사용이 편리하다. 매운 것을 좋아하면
미소된장과 함께 두반장을 섞어준다.

# 돼지고기 숙주 치즈찜

##  재료(1~2인분)

얇게 썬 돼지고기(삼겹살) … 200g

숙주 … 1봉

슬라이스 치즈 … 2장

Ⓐ
- 미소된장 … 2큰술
- 청주 … 1큰술
- 다진 마늘(튜브형) … 3cm

흑후추 … 2회 뿌리기

## 만드는 방법

① 돼지고기와 Ⓐ를 비닐봉지에 넣고, 맛이 잘 배도록 조물조물 섞는다.

② 큰 내열 접시에 숙주의 반을 평평하게 깔고, 그 위에 ①을 올린 후 남은 숙주도 마저 깔아 덮는다. 랩을 가볍게 씌워 전자레인지에 5분간 가열한다.

③ 꺼내서 랩을 벗기고 치즈를 올린 후 랩을 다시 씌워 2분간 더 가열한다. 후추를 원하는 만큼 뿌린다.

🍴 **식사할 때의 팁**  아이가 먹을 땐 후추를 빼도 좋다.

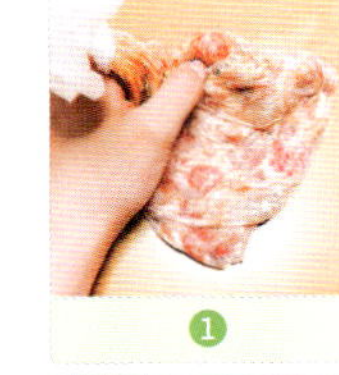

삼겹살은 쉽게 양념이 배기 때문에 냉장고에 재울 필요가 없다.

# 뜨거운 물만 부으면 완성! **1분 수프와 국**

냄비가 필요 없는 정통 미소된장국
## 미역 미소된장국

🧅 재료(1인분)

건조 미역, 채 썬 파 ··· 각자 취향에 맞게 조절
미소된장 ··· 1큰술

🍳 만드는 방법

그릇에 건조 미역과 미소된장을 넣고, 뜨거운 물
200ml를 부은 후 잘 섞어 풀어준다.
미역이 불면 파를 원하는 만큼 넣는다.

🧅 재료(1인분)

건조 미역 ··· 각자 취향에 맞게 조절
치킨스톡(가루형) ··· 1작은술
참기름 ··· 1/2작은술
참깨, 흑후추 ··· 각자 취향에 맞게 조절

🍳 만드는 방법

그릇에 건조 미역과 치킨스톡을 넣고,
따뜻한 물 150ml를 부어 잘 섞은 후
참기름을 넣는다. 미역이 불면 참깨를 뿌린다.

미역이 있다면 언제든 만들 수 있는 수프
## 중식 미역수프

밥을 만들었을 때, 국물 요리 하나만 있으면 식사의 질이 급상승하죠. 국까지 만드는 건 귀찮다고 생각하는 사람도 뜨거운 물만 부어주면 OK!

식초의 신맛으로 상큼하게!

## 가스파초 스타일 수프

### 🧅 재료(1인분)

무첨가 토마토주스 … 150ml

올리브오일 … 1작은술

배합초(일반 식초) … 1큰술

소금 … 2꼬집

흑흐추 … 각자 취향에 맞게 조절

### 🌙 만드는 방법

그릇에 재료를 전부 넣은 후, 소금이 녹을 때까지 잘 섞는다. 소금, 후추는 입맛에 맞게 넣는다.

### 🧅 재료(1인분)

얇게 썬 베이컨 … 1장

콩소메 가루 … 1작은술

치즈 가루 … 1/2작은술

흑후추 … 각자 취향에 맞게 조절

### 🌙 만드는 방법

그릇에 찢은 베이컨, 콩소메와 치즈 가루를 넣고 뜨거운 물 150ml를 부어 잘 섞은 후 후추를 뿌린다.

베이컨 & 치즈로 입맛을 돋우다

## 치즈콩소메

# '조리 도구를 활용해'
# 후다닥 한상차림 만들기

요리를 마음먹고 만드는 날에는 제대로 된 식단을 짜봅시다.
조리 도구를 활용해서 만들면 동시에 두세 가지 요리가 가능합니다!

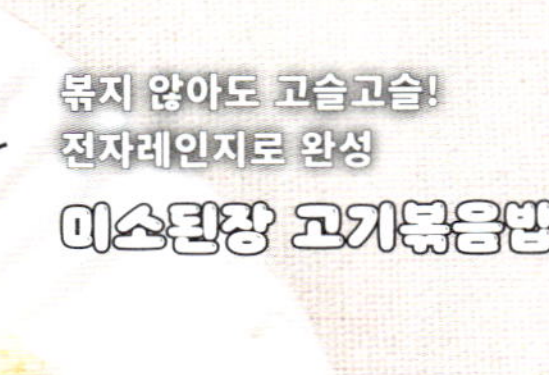

볶지 않아도 고슬고슬!
전자레인지로 완성

## 미소된장 고기볶음밥



냉동 물만두의 쫄깃함이
입에 착 달라붙는다

## 만둣국

# 전자레인지로 만드는 미소된장 고기볶음밥 전자레인지

### 🧅 재료(1인분)

미소된장 고기소보로(p.72) ⋯ 약 3큰술

밥 ⋯ 1공기

채 썬 파 ⋯ 3큰술

달걀 ⋯ 2개

치킨스톡(가루형), 참기름 ⋯ 각 1작은술

### 🍳 만드는 방법

84페이지의 [전자레인지로 만드는 황금볶음밥]의 연어 플레이크 대신
미소된장 고기소보로를 넣어 같은 방법으로 만든다(고기소보로가
없을 경우는 원래대로 [전자레인지로 만드는 황금볶음밥]을 만들어
만둣국과 함께 먹어도 좋다).

---

# 만둣국 작은 냄비

### 🧅 재료(1~2인분)

냉동 둘만두 ⋯ 10개

숙주 ⋯ 1/2봉

간장, 치킨스톡(가루형) ⋯ 각 1큰술

다진 생강(튜브형) ⋯ 2cm

참기름 ⋯ 1작은술

흑후추 ⋯ 2회 뿌리기

### 🍳 만드는 방법

① 작은 냄비에 물 450ml를 넣고 끓인다.

② 간장, 치킨스톡, 생강을 넣고 섞는다. 숙주와 냉동 물만두를 넣고,
다시 끓으면 뚜껑을 닫은 채 냉동 만두 포장 용기에 적힌 시간대로 약 5분간 삶는다.
참기름, 후추를 뿌리고 살짝 섞는다. 취향대로 후추를 더 갈아 넣어도 좋다.

전자레인지로 밥을

만드는 동안 작은

냄비에서 보글보글!

## 시금치 연두부무침

## 고등어 미소된장조림

## 부추 달걀 미소된장국

# 고등어 미소된장조림 

### 🧅 재료(2인분)

자반고등어 … 1토막

**A**
- 디소된장, 설탕, 미림, 청주 … 각 2작은술
- 간장 … 1작은술
- 다진 생강(튜브형) … 3cm
- 물 … 1큰술

### 🌙 만드는 방법

1. 고등어는 반으로 갈라 표면에 십자 칼집을 내고 내열 접시에 나란히 담는다.
2. 잘 섞은 Ⓐ를 ❶에 뿌리고 전체적으로 잘 묻힌다.
3. 랩을 가볍게 씌우고 전자레인지에 5분간 가열한 후 2~3분간 뜸을 들인다.

---

# 시금치 연두부무침 

### 🧅 재료(2인분)

냉동 시금치 … 60g

연두부 … 1/4모

멘쯔유(2배 농축) … 1큰술

참깨 … 2작은술

### 🌙 만드는 방법

1. 냉동 시금치를 내열 접시에 담아 전자레인지에 2분 정도 가열한다. 한 번 꺼내 상태를 보고 아직 냉동된 부분이 있다면 재가열한다.
2. 연두부를 그릇에 담아 포크로(혹은 거품기) 잘 부셔서 부드럽게 만든다.
3. ❷에 멘쯔유와 참까를 넣고 잘 섞는다. 시금치를 더해 전체적으로 잘 무친다.

---

# 부추 달걀 미소된장국 

### 🧅 재료(2인분)

부추 … 1~2줄기

달걀 … 1개

가다랑어포 … 1큰술

미소된장 … 1.5큰술

### 🌙 만드는 방법

1. 작은 냄비에 물 400㎖를 부어 가다랑어포를 넣고 끓인 다음, 주방 가위로 부추를 3~4cm 길이로 잘라 넣는다.
2. 부추의 숨이 죽으면 불을 끄고 미소된장을 넣어 풀어준다. 다시 불을 켜고 달걀을 넣는다. 젓가락으로 크게 3번 정도 둥글게 저어주고 익을 때까지 둔다.

 고등어 미소된장조림과 미소된장국에 어울리는 연두부무침을 만들자.

전기밥솥에 맡기면
눈 깜짝할 사이에 부드럽게 완성
전기밥솥 포토피

전자레인지에 데운
냉동 감자튀김을 활용한
포테이토 토마토그라탕

POINT

버터를 넣으면 풍미가
훨씬 살아나지만, 없어도 OK.
채소는 큰 덩어리도
부드럽게 익는다.

POINT

적당한 분량으로
만들어도 맛있기 때문에
3~4인분을 큰 그릇에
만들어도 좋다.

# 전기밥솥 포토푀 전기밥솥

### 🧅 재료(2인분)

양배추 … 1/4통

양파 ·· 1개

비엔나소시지 … 8~10개

콩소메 가루 … 2작은술

버터 ·· 1큰술

### 🍳 만드는 방법

① 양파는 반달 모양으로 8등분 한다.
양배추는 4등분 정도로 적당히 자른다.
소시지는 비스듬하게 반으로 자른다.

② 물 250ml와 모든 재로를 밥솥에 넣고
일반 취사 모드로 조리한다.

전기밥솥에 전부 맡기면 포토푀 완성!

---

# 포테이토 토마토그라탕 오븐토스터





### 🧅 재료(2인분)

냉동 감자튀김 … 약 200g

냉동 시금치, 방울토마토 … 각자 취향에 맞게 조절

치즈(피자용) … 한 줌

소금, 흑후추 … 각 2~3회 뿌리기

피자소스, 건조 바질 … 각자 취향에 맞게 조절

### 🍳 만드는 방법

① 냉동 감자튀김을 내열 접시에 담고 소금, 후추를
뿌린 후 냉동 시금치를 얹어 가볍게 랩을 씌운 채
전자레인지에서 2분간 해동한다.

② 피자소스와 건조 바질을 뿌리고 반으로 자른
방울토마토도 올린다.

③ 치즈를 토핑하고 오븐토스터에 5분간 굽는다.

생바질을 사용하면 요리가 고급스러워집니다.

미소된장 소스는
양식 요리에도 어울린다
미소마요 디핑 샐러드

면을 따로 삶지 않고 만드는
마법의 파스타 레시피
원 팬 토마토파스타

POINT
채소는 먹고 싶은 것으로
준비하자. 오이나 당근, 무,
삶은 강낭콩 등
무엇이든 어울린다.

POINT
파스타 면이 아직
딱딱한데, 수분이 다
날아갔다면 타지 않게
물을 더 넣자.

# 원 팬 토마토파스타 <프라이팬>

🧅 **재료(2인분)**

토마토 통조림 … 1캔

파스타 견 … 150g

냉동 시금치 … 한 줌

얇게 썬 베이컨 … 8장 정드

Ⓐ
- 콩소메 가루 … 2작은술
- 다진 마늘(튜브형) … 3~4cm
- 설탕 … 1큰술
- 커 첩 … 2큰술

버터 … 1큰술

소금, 흑후추 … 각 3~4회 뿌리기

🍳 **만드는 방법**

① 토다토를 프라이팬에 넣은 다음 찢은 베이컨,
냉동 시금치, Ⓐ, 물 450ml를 넣고 끓인다.
끓기 시작하면 파스타를 반으로 구부려
넣는다.

② 재료를 가볍게 섞어가며 약불과 중불
사이에서 평소 파스타 삶는 시간대로 익힌다.
맛을 보고 아직 파스타가 안 익었다면
조금 더 삶는다.

③ 버터와 소금, 후추를 더해 간을 조절한다.
취향대로 치즈 가루를 뿌려도 좋다.

# 미소마요 디핑 샐러드 <전자레인지>

🧅 **재료(2인분)**

파프리카 … 1개

냉동 브로콜리 … 8개 정도

방울토마토 … 2~3개

Ⓐ
- 미소된장, 멘쯔유(2배 농축) … 각 1작은술
- 마요네즈 … 3큰술
- 다진 마늘(튜브형) … 1cm

🍳 **만드는 방법**

① 파프리카는 씨와 심지를 제거하고 먹기 좋게
채 썰어 접시 가운데 담는다. 파프리카 주변으로
브로콜리를 나열하고 랩을 가볍게 씌워
전자레인지에 2분간 가열한다.

② Ⓐ를 잘 섞어 그릇에 담고, ① 과 방울토마토를
함께 그릇에 담는다.

🚶 파스타는 삶을 필요 없이 재료와 동시에
넣어도 OK! 삶는 시간에 샐러드를 만들어보자.

# 번아웃 레시피

첫판 1쇄 펴낸날  2020년  4월 17일
　　　4쇄 펴낸날  2024년 12월  2일

지은이  이누카이 쓰나
옮긴이  김보화
발행인  조한나
책임편집  김교석
편집기획  유승연 문해림 김유진 전하연 박혜인 조정현
디자인  한승연 성윤정
마케팅  문창운 백윤진 박희원
회계  양여진 김주연

펴낸곳  (주)도서출판 푸른숲
출판등록  2003년 12월 17일 제2003-000032호
주소  서울특별시 마포구 토정로 35-1 2층, 우편번호 04083
전화  02)6392-7871, 2(마케팅부), 02)6392-7873(편집부)
팩스  02)6392-7875
홈페이지  www.prunsoop.co.kr
페이스북  www.facebook.com/prunsoop　　인스타그램 @prunsoop

ⓒ푸른숲, 2020
ISBN  979-11-5675-820-4 10590